Nachhaltige Innovation in Produktion und Logistik

# Wertschöpfungsmanagement

Herausgegeben von Hans-Dietrich Haasis

Band 1

PETER LANG
Frankfurt am Main · Berlin · Bern · Bruxelles · New York · Oxford · Wien

Hans-Dietrich Haasis (Hrsg.)

# Nachhaltige Innovation in Produktion und Logistik

PETER LANG
Europäischer Verlag der Wissenschaften

**Bibliografische Information der Deutschen Nationalbibliothek**
Die Deutsche Nationalbibliothek verzeichnet diese Publikation in der Deutschen Nationalbibliografie; detaillierte bibliografische Daten sind im Internet über <http://www.d-nb.de> abrufbar.

ISSN 1863-169X
ISBN-10: 3-631-55872-4
ISBN-13: 978-3-631-55872-0



www.peterlang.de

# Inhaltsverzeichnis

# Abbildungsverzeichnis

# Tabellenverzeichnis

# Vorwort

## Nachhaltige Invention und Innovation in Produktion und Logistik

Innovation signalisiert neue Ideen und deren wirtschaftliche Umsetzung. Nachhaltige Innovation orientiert sich an den Überlegungen zur Realisierung einer nachhaltigen Entwicklung, insbesondere durch die Berücksichtigung von ökonomischen, ökologischen und sozialen Zielen bei der Entscheidungsfindung in Unternehmen. Nachhaltige Innovation in Produktion und Logistik fokussiert auf die betrieblichen und überbetrieblichen wertschöpfenden Unternehmensbereiche Produktion und Logistik.

Zur Realisierung einer nachhaltigen Innovation in Produktion und Logistik bedarf es einerseits eines entsprechenden Umfeldes, andererseits eines Vorgehensmodells, welches die zu durchlaufenden Phasen von der Idee bis zur Verwertung und Umsetzung begleitet. Diese Innovationskette besteht aus Impuls – Idee – Bearbeitungsumgebung – Ergebnisfindung – Bewertung – Rechte – Kommunikation – Pilotierung – Marktreife – Erfahrungsauswertung. Oftmals wird bezüglich dieser Phasen in Invention, das heißt den Phasen bis zur vormarktlichen Konzeptentwicklung, und in die dann etwas enger formulierte Innovation, also den nachfolgenden Phasen bis hin zur marktlichen Umsetzung und zum Technologietransfer unterschieden. Für erste bedarf es eines Kreativitätsmanagements, also der Planung und Kontrolle kreativer Prozesse, für letztere eines Innovationsmanagements. Gerade in diesem Zusammenhang wird immer wieder auf Joseph Schumpeter (Theorie der wirtschaftlichen Entwicklung, 1963) verwiesen. Für ihn symbolisiert sich Innovation in einem schöpferischen Unternehmer, welcher das Ziel verfolgt, als erster mit einer neuen technischen oder organisatorischen Idee wirtschaftliche Vorteile zu realisieren. Insoweit treten Innovationen als Produkt-, Prozess- und Managementinnovationen auf. Wichtige Erfolgsfaktoren von Innovationen sind bekanntlich die Sicherstellung von Marktgerechtigkeit, von Zeitgerechtigkeit und von Kostengerechtigkeit. Für das für eine erfolgreiche Kreativitäts- und Innovationskette von der Idee bis zur Verwertung und Umsetzung wichtige Umfeld bedarf es einer Zuordnung und Bewertung von Menschen – Organisationen – Klima – Randbedingungen – Partner. Die Innovationskette lässt sich durch eine positiv gestaltete Kreativitäts- und Innovationsumgebung und ein Schnittstellenmanagement zwischen den Phasen sowie ein Supply Chain Management (SCM) und ein Efficient Consumer Response (ECR) für Inventionen und Innovationen - natürlich im übertragenen Sinne - gestalten.

Nachhaltige Innovation in Produktion und Logistik zu unterstützen, ist Zielsetzung der Arbeiten von Professor Dr. Hans-Dietrich Haasis an der Universität Bremen und am Institut für Seeverkehrswirtschaft und Logistik. Das dort geschaffene Umfeld erlaubt, in Kombination beider Einrichtungen nachhaltige Invention und Innovation in Produktion und Logistik zu realisieren. SCM und ECR werden damit nicht allein auf unternehmerische Wertschöpfungsprozesse angewandt, sondern stehen auch für ein funktionierendes Kreativitäts- und Innovationsmanagement.

In diesem Beitrag werden ausgewählte Ansätze zu diesem Themengebiet vorgestellt. Sie basieren auf Vorträgen und Diskussionen im Doktorandenseminar des Lehrstuhls. Weitere Informationen finden sich auf www.pro.wiwi.uni-bremen.de sowie auf www.isl.org.

Professor Dr. Hans-Dietrich Haasis, geboren 1958, studierte Wirtschaftsingenieurwesen an der Universität Karlsruhe. Nach Promotion und Habilitation ebenfalls in Karlsruhe wurde er 1994 zum Universitätsprofessor an der Universität Bremen ernannt. In Karlsruhe leitete er von 1986–1994 die Forschungsgruppe „Systemanalyse: Energie, Umwelt, Industrielle Produktion" am Institut für Industriebetriebslehre und industrielle Produktion (Univ.-Prof. Dr. Otto Rentz). Er hatte Lehraufträge an der Ecole Nationale Superieur du Petrole et des Moteurs, Paris Rueil-Malmaison, der State University St. Petersburg, der Katholischen Universität Eichstätt-Ingolstadt und an der Privaten Universität Witten-Herdecke. 1994 folgte er einem Ruf der Universität Bremen auf eine Professur für Produktionswirtschaft. Seit 1997 ist er Ordinarius für Allgemeine Betriebswirtschaftslehre, Produktionswirtschaft und Industriebetriebslehre. Von Juli 1998 bis Juni 2001 war er zunächst Sprecher, dann Dekan des Fachbereichs Wirtschaftswissenschaft. Er ist Mitglied und war von 2002–2005 Sprecher des Forschungsverbundes Logistik der Universität Bremen. In 2003 erhielt er den B.A.U.M.-Umweltpreis. Seit Dezember 2001 ist er Direktor und Leiter der Abteilung Logistische Systeme des Instituts für Seeverkehrswirtschaft und Logistik (ISL), Bremen. Professor Haasis ist u.a. Mitglied im Council of Supply Chain Management Professionals und im Expertenkreis des BMBF-Rahmenprogramms „Forschung für Nachhaltigkeit". Ebenfalls ist er Mitglied in den Beiräten der Zeitschriften „Logistics Management", „OR Spektrum" und „International Journal of Operations and Quantitative Management".

Seine Arbeiten an der Universität Bremen fokussieren auf vier wissenschaftliche Arbeitsschwerpunkte: Produktionsmanagement, Logistik, Managementsysteme und Wissensmanagement. Lehr- und Forschungsziele sind, Bewertungs- und Entscheidungsinstrumente sowie innovative betriebswirtschaftliche Gestaltungsmaßnahmen in den Bereichen Nachhaltige Produktion und Logistik in der Forschung in Zusammenarbeit mit Wirtschaftsunternehmen zu entwickeln, in der Lehre zu vermitteln sowie als Dienstleistungspartner umzusetzen. Eine Kooperation sowohl mit Forschungsinstituten im In- und Ausland als auch mit Wirtschaftsunternehmen ist selbstverständlich. Allen Kooperationspartnern und dem Mitarbeiterteam sei für die bislang entgegengebrachte Unterstützung herzlich gedankt.

Der Schwerpunkt Produktionsmanagement beschäftigt sich mit betriebswirtschaftlich-technischen Analysen von Produktionssystemen und der Identifizierung innovativer Gestaltungsmaßnahmen. Im Vordergrund stehen Verbesserungen auf den Gebieten Wirtschaftlichkeit, Qualität, Zeit, Arbeitssicherheit und Umweltschutz. So werden etwa computergestützte Simulationssysteme zur Herleitung von neuen nachhaltigkeitsorientierten Produktionssteuerungsstrategien eingesetzt oder auch Produktionsumgebungen dynamischer Netzwerke untersucht. Im Schwerpunkt Logistik werden nachhaltige logistische Systeme konfiguriert und bezüglich ihrer technischen Machbarkeit und betriebswirtschaftlichen Vorteilhaftigkeit analysiert. Hierzu gehören auch eine Identifizierung produktionswirtschaftlicher und logistischer Aufgaben und ihre Zuordnung zu Wirtschaftsakteuren. Vor dem Hintergrund der Bedeutung von Logistikdienstleistern werden Organisation und Betrieb kooperativer Systeme entlang der Wertschöpfungskette untersucht sowie Möglichkeiten zur Qualifizierung erarbeitet. Der Schwerpunkt Managementsysteme fokussiert auf die Entwicklung von Managementsystemen für die Bereiche Qualität, Umweltschutz und Arbeitssicherheit einzeln und auch gemeinsam für unterschiedliche Wirtschaftszweige, Unternehmenstypen und Wettbewerbssituationen. Im Vordergrund stehen weniger additiv zum Aufgabengebiet hinzukommende Handbuchdokumentationen, als vielmehr tätigkeitsintegrierte Anreiz-, Bewertungs- und Entscheidungsinstrumente zur „lebendigen“ Systemgestaltung und –umsetzung, angepasst an die jeweilige Geschäftsprozessstruktur des Unternehmens. Der Schwerpunkt Wissensmanagement widmet sich den Bausteinen eines Wissensmanagements im Unternehmen und deren ergebnisorientierter Kombination. Es werden Möglichkeiten zur Umsetzung erarbeitet und bezüglich ihrer betriebswirtschaftlichen Relevanz analysiert. Hierbei wird bewusst über das Management von Daten und Informationen hinausgegangen. Es werden die Chancen eines qualifizierten Umgangs mit Wissen für die Positionierung des Unternehmens im Wettbewerbsumfeld aufgezeigt.

Die Tätigkeitsschwerpunkte am ISL – Institut für Seeverkehrswirtschaft und Logistik beziehen sich seit August 2001 in erster Linie auf den Themenbereich kooperativer logistischer Systeme. Die Kernkompetenzen im ISL liegen hier bei der unternehmerischen Systemintegration intermodaler Verkehre, der Konfiguration synergetischer regionaler Netzwerke, etwa von Güterverkehrszentren, dem Wissens- und Kooperationsmanagement, etwa für logistische Korridore und Netzwerke, und der prozessorientierten Gestaltung nachhaltiger Systeme. Das ISL ist seit mehr als 50 Jahren eines der führenden europäischen maritimen Forschungs- und Beratungsinstitute. Es bietet an der Transferschnittstelle von Forschung und Anwendung ein breites Spektrum an Dienstleistungen und wissenschaftlichem Consulting an. In vier Abteilungen - Logistische Systeme, Maritime Wirtschaft und Verkehr, Informationslogistik sowie Planungs- und Simulationssysteme - arbeiten an den Standorten in Bremen und Bremerhaven Spezialisten in interdisziplinären Projektteams an praxisnahen Vorhaben. Projektpartner sind Unternehmen der maritimen Wirtschaft, Handels-, Produktions- und Logistikunternehmen ebenso wie EU, Bund, Länder und Kommunen. Durch hervorragende Kooperationsbeziehungen zu Wirtschaftsunternehmen und öffentlichen Einrichtungen leistet das ISL seinen Beitrag zu wirksamen Innovationen in maritimer Wertschöpfung und Logistik. Kooperative Lösungen in der Logistik, in der Supply Chain und in der verteilten Produktion sind Schwerpunkte der Logistikforschung im ISL. Diese berücksichtigen auch ein e/m-Business orientiertes Management von Wertschöpfungsketten. Mit der logistischen Mobilitätsforschung und der Bereitstellung von Tools zur Bewertung eines ressourceneffizienten Wirtschaftens in der logistischen Kette werden zukunftsweisende Fragestellungen bereits heute durch das ISL aufgegriffen. In Zusammenarbeit mit dem ISL-Schwerpunkt RFID werden ferner innovative Ansätze der Geschäftsprozessgestaltung und –steuerung bearbeitet.

Im Einzelnen wurden entsprechend den Kernkompetenzen in den letzten Jahren im ISL Projekte in folgenden Schwerpunktbereichen bearbeitet:

- Intermodalität, z.B.:

  - Logistik zur Versorgung und Vernetzung von Lagerstandorten

    Zielsetzung ist der Aufbau neuer alternativer Verkehrskonzeptionen für eine effiziente Versorgung unterschiedlicher Lagerstandorte durch integrierte Verkehrsketten sowie die Vernetzung der Warenströme zur Ausschöpfung von Synergiepotentialen. Im Mittelpunkt der Arbeiten steht die Integration der Wertschöpfungsketten unter Sicherung der Prozessstabilität.

  - Korridorgestaltung im Schienengüterverkehr

    Entwickelt wurde eine Methodik, die logistische Potentiale für intermodale Transporte zwischen korrespondierenden Knoten identifiziert und neue Transportdienstleistungsangebote relationsbezogen in die Umsetzung überführt. Sie unterstützt damit die angestrebte Verlagerung unter Wirtschaftlichkeitsgesichtspunkten von Angebot und Nachfrage.

  - KV-Produkt- und Prozessinnovationen

    Zur Steigerung der Attraktivität kombinierter Verkehre bedarf es der Gestaltung neuartiger Angebote, die der Vernetzung der Verkehrsträger ebenso Beachtung schenken, wie der effizienten Kopplung der Prozesse. Das Projekt befasst sich mit dem Aufbau neuer Transportketten und ihrem Management durch die Einrichtung von Drehscheiben zum Transportträgerwechsel und kooperative Disposition von Kundenaufträgen.

- Standortlogistik, z.B.:

  - Virtuelles GVZ

    Gegenstand des Projektes war die Fortführung der unter dem Arbeitstitel „virtuelles Güterverkehrszentrum" begonnenen Arbeiten mit dem Ziel, eine Integration in den Branchenansatz LogSolutions zu generieren. Die damit verfolgte Zielsetzung zum Aufbau einer sogenannten Telematikplattform in Form der LogSolutions-Lösung wurde somit weiter detailliert und umsetzungsorientiert forciert.

  - GVZ-Masterplanung

    Inhalt war die Erstellung eines Masterplans mit den wesentlichen Zielen, den Ausbau intermodaler Güterverkehre mit der Ansiedlung entsprechender Gewerbe (Speditionen, Kurier-, Express-, und Paketdienste) und der Ansiedlung von produzierendem Gewerbe mit hohem Mobilitätsbedarf (Industrie, logistische Dienstleister) zu fördern. Ziel ist u.a. die Ermöglichung einer Kooperation mit anderen Umschlageinrichtungen der Region, um das intermodale Angebot in der Region zu verbessern und den Kern der Region vom LKW-Verkehr zu entlasten.

  - GVZ-Netzwerkmanagement

    Das Projekt zielt vor allem auf die Verbesserung der Informationsübertragung zwischen den Güterverkehrszentren hinsichtlich des Erfahrungsaustausches bei der Planung und Etablierung von Logistikanlagen und Serviceeinrichtungen. Es versucht insbesondere die deutschen GVZ-Standorte in internationalen Netzwerken zu positionieren.

- Wissensmanagement und Controlling in der Logistik, z.B.:

  - Logistische Systeme für elektronische Marktplätze

    Ziel der Projekte war die Entwicklung eines Internet-Marktplatzes zur Stärkung regionaler Erzeuger und Produzenten. Weiterhin galt es ein entsprechendes Logistik-Konzept zur ökonomisch und ökologisch sinnvollen Belieferung zu entwickeln.

  - Groupage-Systeme

Ziel des Projektes war die Prüfung der Frage, inwieweit bei in einem GVZ ansässigen Speditionen Nachfrage nach einem elektronischen Fracht- und Laderaumausgleichssystem für Transporte im Nah- und Regionalbereich besteht, welches die Anforderungen an ein solches System sind und ob sich der Sendungsaustausch über einen zentralen Punkt im GVZ realisieren lässt.

- logistikorientierte Wissensregion

  Eingebunden in die EU-Pilotaktion „Wissensorientierte Regionen“ wird das Projekt „KnowLog – Regions of Knowledge with focus on the area of Logistics driven Technological and Economic Development“ verfolgt. Mit Partnerregionen aus Bologna, Barcelona, Belfast und Lissabon will Bremen im Rahmen dieses Projektes die regionale Zusammenarbeit zwischen der logistischen Wirtschaft und Wissenschaft stärken und interregionale Wissensmanagementprozesse generieren.

• Nachhaltige logistische Systeme, z.B.:

- Verkehrsoptimierung in der Kreislaufwirtschaft

  Am Beispiel der Region Hamburg werden die im Dualen System betrachteten Stoffströme in verschiedenen Szenarien auf ihre Verkehrsvermeidung und –verlagerungspotentiale auf Low-Cost-Level analysiert und aus wirtschaftlicher und umweltorientierter Sicht bewertet.

- Kopplung Ver- und Entsorgung

  Durchführung einer Marktanalyse des Angebotes und der Nachfrage logistischer Dienstleistungen im Bereich der Güterversorgung in einer Musterregion und Mitwirkung an der Erarbeitung eines optimierten Logistikkonzeptes.

- Mobilitätskonzepte

  Hier werden Analysen und Recherchen zu Mobilitätskonzepten durchgeführt, derzeit vor allem vor dem Hintergrund einer systemaren Engpassanalyse gemeinsam für Personen- und Gütermobilität.

Ergebnisse dieser Arbeiten finden sich unter anderem in folgenden Veröffentlichungen:

Haasis, H.-D./Möllenstädt, O. (2006): Strategic Tools for the Sustainable Development of Maritime Regions, in: Haasis, H.-D./Kopfer, H./Schön-

Haasis, H.-D./Möllenstädt, O. (2006): Strategic Tools for the Sustainable Development of Maritime Regions, in: Haasis, H.-D./Kopfer, H./Schönberger, J.: Operations Research Proceedings 2005, Berlin et al., S. 123-128.

Haasis, H.-D./Kopfer, H./Schönberger, J. (eds.) (2005): Operations Research Proceedings 2005. Selected Papers of the Annual International Conference of the German Operations Research Society (GOR), Bremen, September 7–9, Springer, Berlin et. al. 2006.

Haasis, H.-D. (eds.) (2006): Skill Management. Eine Vielzahl von Möglichkeiten und Chancen für Wirtschaft und öffentliche Verwaltung, Eschborn.

Haasis, H.-D. (2005): Mass Customization in International Logistics, in: Blecker, T./Friedrich, G. (Eds.): Mass Customization. Concepts – Tools – Realization, Berlin, S. 189-193.

Haasis, H.-D. (2005): Design qualifizierter maritimer Standorträume zur starken Positionierung internationaler Logistikketten, in: Lemper, B./Meyer, R. (Hrsg.): Märkte im Wandel - mehr Mut zu Wettbewerb, Frankfurt, S. 161–166.

Haasis, H.-D./Szafera, S. (2005): Supply Chain Management und intermodale logistische Korridore, in: Ehrig, D./Staroske, U. (Hrsg.): Dimensionen angewandter Wirtschaftsforschung: Methoden, Regionen, Sektoren, Hamburg, S. 311–319.

Cui, Z./Deng, A./Haasis, H.-D.(2004): The Simple Analysing of Developing of Lean Logistics in China, in: Sun, L./Notteboom, T. (eds.): Proceedings of the First International Conference on Logistics Strategy for Ports, Dalian, S. 457–460.

Haasis, H.-D. (2004): Nachhaltige logistische Systeme, in: Schwarz, E. (Hrsg.): Nachhaltiges Innovationsmanagement, Wiesbaden, S. 105–118.

Wedekind, S./Haasis, H.-D. (2004): Integration of service providers into supply chain services and waste disposal transports, in: Gupta, S. M. (ed.): Environmentally Conscious Manufacturing III, Proceedings of SPIE, Vol. 5262, Bellingham, S. 115–124.

Haasis, H.-D. (2004): Leistungsmessung und Bewertung: Möglichkeiten des Einsatzes von Operations Research und Wissensmanagement, in: Institut der Deutschen Wirtschaft Köln (Hrsg.): Betriebliche Instrumente für nachhaltiges Wirtschaften, Köln, S. 35–43.

Haasis, H.-D./Spengler, T. (Hrsg.) (2004): Produktion und Umwelt. Festschrift für Otto Rentz, Berlin u.a.: Springer.

Hülsmann, M./Müller-Christ, G./Haasis, H.-D. (Hrsg.) (2004): Betriebswirtschaftslehre und Nachhaltigkeit, Wiesbaden: Deutscher Universitäts-Verlag.

Kriwald, T./Förster, M./Haasis, H.-D. (2003): Unterstützung des Stoffstrommanagements in kleinen Unternehmen, in: Kramer, M./Eifler, P. (Hrsg.), Umwelt- und kostenorientierte Unternehmensführung, Wiesbaden, S. 63–82.

Elsner, W./Haasis, H.-D./Tietjen, R. (2002): Unternehmensnetzwerke und Bauleitplanung. Zur Konzeption einer Bebauungsplanung für netzwerkorientierte Gewerbegebiete, in: Raumforschung und Raumordnung, Heft 5–6, 60. Jahrgang, S. 385–392.

Haasis, H.-D./Blume, V./Schlumbohm, S. (2002): Konfiguration und Bewertung logistischer Prozesse in Kreislaufwirtschaftssystemen, in: BVL, Bundesvereinigung Logistik (Hrsg.): Wissenschaftssymposium Logistik der BVL 2002, S. 99–112.

Haasis, H.-D./Inderfurth, K./Spengler, T. (Hrsg.) (2001): Operations Research in Environmental Management, Special Issue, OR Spektrum, 23, S. 1.

Haasis, H.-D. (2001): Wissensmanagement und dessen Bedeutung für ein Nachhaltiges Wirtschaften, in: Griesche, D./Meyer, H./Dörreberg, F. (Hrsg.): Innovative Managementaufgaben in der nationalen und internationalen Praxis, Wiesbaden, S. 141-156.

Franke, S./Tuma, A./Haasis, H.-D. (2001): Nachhaltiges Wirtschaften auf Ebene der Produktionsdurchführung, in: Sebastian, H.-G./Grünert, T. (Hrsg.): Logistik Management – Supply Chain Management und e-Business, Stuttgart, Leipzig, Wiesbaden, S. 183–196.

Blume, V./Gehrmann, Chr./Haasis, H.-D. (2001): Überbetriebliches Informations- und Entscheidungsmanagement am Beispiel der Kreislaufwirtschaft, in: Buhl, H. U./Huther, A./Reitwiesner, B. (Hrsg.): Information Age Economy, Heidelberg, S. 787–800.

Haasis, H.-D./Kriwald, T. (2001): Wissensmanagement in Produktion und Umweltschutz, Berlin et al.: Springer.

Haasis, H.-D./Müller, W./Winter, G. (2000): Produktionsintegrierter Umweltschutz und Eigenverantwortung der Unternehmen, Frankfurt/M. et al., Peter Lang Verlag.

Bullinger, H.-J./Eversheim, W./Haasis, H.-D./Klocke, F. (Hrsg.) (2000): Auftragsabwicklung optimieren nach Umwelt- und Kostenzielen, OPUS – Organisationsmodelle und Informationssysteme für einen produktionsintegrierten Umweltschutz; Berlin, Heidelberg, New York: Springer.

Haasis, H.-D. (1999): Produktkreislauflogistik, in: Pfohl, H.-Chr. (Hrsg.): Logistikforschung. Entwicklungszüge und Gestaltungsansätze; Berlin: Erich Schmidt.

Haasis, H.-D. (1999): Koordinationskonzepte und Informationssysteme für das Umweltmanagement, in: Corsten, H./Friedl, B. (Hrsg.): Einführung in das Produktionscontrolling, München: Vahlen, S. 415–445.

Tuma, A./Franke, St./Haasis, H.-D. (Hrsg.) (1999): Innovation in der Produktionssteuerung, Marburg: Metropolis.

Haasis, H.-D./Ranze, K. C. (Hrsg.) (1998): Umweltinformatik 98: Vernetzte Strukturen in Informatik, Umwelt und Wirtschaft, Marburg: Metropolis.

Haasis, H.-D. (1998): Umweltorientierte Produktionsplanung und -steuerung (UPPS), in: Wildemann, H. (Hrsg.): Innovationen in der Produktionswirtschaft – Produkte, Prozesse, Planung und Steuerung, München: TCW, S. 115–132.

Haasis, H.-D. (1996): Neuere Produktionskonzepte und deren Integration in das betriebliche Rechnungswesen, in: Buchführung, Bilanz, Kostenrechnung (BBK), 11, Fach 23, S. 537–548.

Haasis, H.-D. (1996): Betriebliche Umweltökonomie, Optimieren – Bewerten – Entscheiden, Berlin u.a.: Springer.

Haasis, H.-D. (1994): Planung und Steuerung emissionsarm zu betreibender industrieller Produktionssysteme, Heidelberg: Physica.

# 1 Ein Ansatz zur Bewertung von Produkten in Kreislaufwirtschaftssystemen

*Baptiste Lebreton[1], Guido Siestrup[2] und Axel Tuma[3]*

**Zusammenfassung:** Ein interessanter Ansatz zur Gestaltung zukunftsorientierter Produktionssysteme liegt in der Umsetzung von Kreislaufwirtschaftssystemen (Closed Loop Supply Chains). Besonders vielversprechend erscheint hierbei die Wiederverwendung von (Premium-) Produkten bzw. deren Komponenten in Sekundärmärkten durch eine stärkere Fokussierung auf Repair-, Reuse- und Remanufacturing-Strategien.

Neben der Erschließung von Ertragspotenzialen durch eine Mehrfachverwertung, wird durch eine Mehrfachnutzung von Produkten bzw. Komponenten die Ressourceneffizienz deutlich erhöht. So sinkt etwa der Ressourceneinsatz beim Reuse/Remanufacturing von Rechnersystemen um bis zu 80%, die $CO_2$-Emissionen um bis zu 90%. Runderneuerte Reifen benötigen lediglich 25% Materialeinsatz bzw. 33% Energieeinsatz im Verhältnis zur Fertigung der Primärprodukte.[4]

Zur Umsetzung von Kreislaufwirtschaftssystemen ist in einem ersten Schritt zu untersuchen, welche Produkte bzw. Produktkomponenten sich prinzipiell für einen konsekutiven Einsatz eignen. Dies hängt, neben den Produkteigenschaften und der prinzipiellen Bereitschaft zum Kauf von Sekundärprodukten, vom technologischen Wandel, der Qualität der verwendeten Materialien und Komponenten, der Rückflussverteilung der Primär-/Sekundärgüter sowie dem Verhältnis von Primärrohstoffkosten, Aufbereitungs-, Logistik- und Entsorgungskosten ab.

Ziel des Beitrags ist es, ein Modell zur Bewertung des konsekutiven Einsatzes von Produkten in Closed Loop Supply Chains zu entwickeln und dessen Anwendung anhand eines industriellen Beispiels aus der Reifenindustrie zu evaluieren.

---

[1] Dipl.-Kfm. Baptiste Lebreton, Lehrstuhl für Produktions- und Umweltmanagement, Wirtschaftswissenschaftliche Fakultät, Universität Augsburg.

[2] Prof. Dr. Guido Siestrup, Professur für Betriebswirtschaftslehre, insbesondere Logistik, Fachbereich Wirtschaftsinformatik, Fachhochschule Furtwangen.

[3] Prof. Dr. Axel Tuma, Lehrstuhl für Produktions- und Umweltmanagement, Wirtschaftswissenschaftliche Fakultät, Universität Augsburg.

[4] Vgl. Lebreton/Tuma (2005).

## 1.1 Die Bedeutung von Closed Loop Supply Chains im Rahmen eines am Nachhaltigkeitsgrundsatz orientierten Wirtschaftens

Eine Analyse der Herausforderungen zukunftsorientierten unternehmerischen Handelns zeigt, dass diese in erster Linie durch den Wandel der Marktbeziehungen geprägt sind. Dieser lässt sich durch eine verstärkte Wettbewerbssituation (Globalisierung der Märkte), verbunden mit einer stärkeren Kundenorientierung, beschreiben. Für die Unternehmen bedeutet dies die Notwendigkeit zur Bereitstellung differenzierter, kundenspezifischer Produkte, verbunden mit möglichst niedrigen Kosten der Leistungsbereitstellung. Die genannten Anforderungen münden einerseits in einen Trend zur Bildung von weltweit verteilten Wertschöpfungsnetzwerken (Supply Networks), andererseits in eine stärkere Betonung kundenorientierter Ziele.

Im Sinne eines „Nachhaltigen Wirtschaftens“ - wie es bereits auf der Konferenz der Vereinten Nationen für Umwelt und Entwicklung in Rio de Janeiro im Jahre 1992 gefordert und von der Enquête-Kommission des Deutschen Bundestages „Schutz des Menschen und der Umwelt“ als Maxime zukünftigen Handelns definiert wurde - ergibt sich dabei die Frage, inwiefern bei der Gestaltung weltweit vernetzter Produktions- und Zuliefernetzwerke neben betriebswirtschaftlichen, gleichermaßen soziale und umweltschutzorientierte Zielkriterien berücksichtigt werden können (Sustainable Supply Chain Management).

Ein vielversprechender Ansatz zur Umsetzung eines „Nachhaltigen Wirtschaftens“, der sowohl die ökonomischen und sozialen Bedürfnisse von Kunden in unterschiedlichen Marktsegmenten und Regionen berücksichtigt als auch ökologische Zielsetzungen, wie die Erhöhung der Ressourceneffizienz, adressieren kann, liegt in der Gestaltung von Closed-Loop Supply Chains (CLSC). Grundidee hierbei ist die Wiederverwendung von (Premium-) Produkten bzw. deren Komponenten in Sekundärmärkten durch eine stärkere Fokussierung auf Repair-, Reuse- und Remanufacturing-Strategien. Prinzipiell stellen derartige Maßnahmen, zusammen mit Recyclingstrategien, potentielle Handlungsoptionen zur Umsetzung von CLSCs und damit zur Erhöhung der Ressourceneffizienz dar (Abbildung 1). Während Recyclingstrategien im Sinne eines Materialrecycling darauf abzielen, die in einem Produkt enthaltenen Wertstoffe als Sekundärrohstoffe zu Beginn der Wertschöpfungskette (bei Zulieferern) wieder einzusetzen, ist es Ziel des Remanufacturing, möglichst vollständige Komponenten in (ansonsten) „neuwertige Produkte“ einzusetzen. Im Rahmen einer Reuse-Strategie werden vollständige Produkte (nach Durchführung notwendiger Wartungsarbeiten und unter Gewährung entsprechender Garantieleistungen) auf den Sekundärmärkten angeboten.

Derartige Strategien sind sowohl für die Hersteller der Primärprodukte als auch für potentielle Abnehmer im Economy-Segment interessant. Die konsekutive

Nutzung von Produkten kann darüber hinaus einen wesentlichen Beitrag zur Umsetzung eines effizienten Global Business Management leisten.

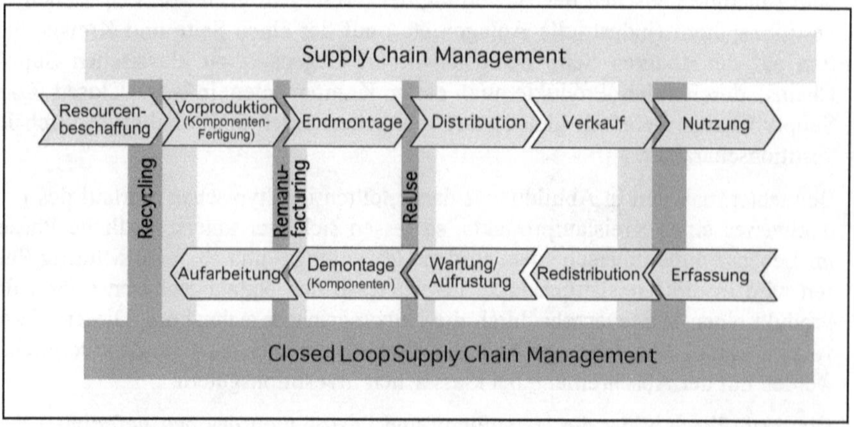


**Abb. 1: Allgemeines Prozessmodell eines Sustainable Supply Chain Managements**

Sie ermöglicht es einerseits den relativ hohen Produktwert eines innovativen, qualitativ hochwertigen Premium-Produktes (zu Beginn des ersten Zyklus) über mehrere Zyklen zu verteilen. Bei der Fertigung der Premium-Produkte kann so auch das Know-how in technologischen Vorreiterregionen genutzt und die qualitativ bedingten, (gegebenenfalls) relativ hohen Produktionskosten über mehrere Zyklen abgeschrieben werden (vgl. Kapitel 1.2). Zudem können durch die Verlagerung von i. Allg. arbeitsintensiven Remanufacturingprozessen in Niedriglohnregionen oftmals überhaupt erst die Vorraussetzungen für eine kosteneffiziente Kreislaufwirtschaft geschaffen werden. Andererseits ermöglicht es ein relativ niedriger, sich am sinkenden Produktwert orientierender Preis, potentiellen Kunden im Economy-Segment überhaupt erst entsprechende Produkte zu nutzen. Für die *„Original Equipment Manufacturers (OEMs)"* ergibt sich damit die Möglichkeit, ein interessantes Kundenpotenzial frühzeitig an die eigene Marke zu binden.

## 1.2 Betriebswirtschaftliches Bewertungsmodell für Kreislaufwirtschaftssysteme

Um Aussagen über die Wirtschaftlichkeit von Produktkreisläufen ableiten zu können, ist es erforderlich, die Wertschöpfungsstruktur des einzelnen Kreislaufgutes differenziert zu betrachten. Hierzu wird zunächst auf ein idealtypisches Phasenmodell zurückgegriffen. Dieses bildet für ein Kreislaufprodukt die einzelnen

Kreislaufprozesse, Teilprozesse und Aktivitäten mit den zugehörigen zeitlichen und wertschöpfungsbezogenen Charakteristika ab. Das Modell versucht dabei eine Analogie zwischen der Bewertung der Vorteilhaftigkeit von klassischen Investitionsgütern (industrielle Anlagen etc.) auf der einen Seite und Kreislaufgütern auf der anderen Seite herzustellen. Im Gegensatz zu klassischen Supply Chains, durchlaufen Produkte und deren Komponenten in sog. Closed Loop Supply Chains mehrfach gleiche oder ähnliche Zyklen und erhalten dadurch Investitionscharakter.

Betrachtet man den in Abbildung 2 dargestellten idealtypischen Verlauf des Produktwertes eines Kreislaufprodukts, so lassen sich vier unterschiedliche Phasen im Lebenszyklus unterscheiden. In den Herstellungs- und Remanufacturing-Phasen wird in die Kreislaufprodukte investiert, in den Nutzungsphasen erfährt das Produkt einen Werteverzehr durch die Nutzungsinanspruchnahme. Dieser Werteverzehr kann - legt man eine kalkulatorische Sichtweise zu Grunde - verglichen werden mit der Abschreibung bei klassischen Investitionsgütern.

Die erste Phase bildet die Herstellung und Distribution des neu gefertigten Produkts. Die Prozesse der Leistungsbereitstellung, -erstellung und -verwertung nehmen dabei Ressourcen in Anspruch und verursachen Kosten. In der Folge bewirken die Ressourceninputs eine Wertsteigerung des Produkts, in das diese eingehen. Nach Fertigstellung des Produkts, d. h. am Ende der Durchlaufzeit $DLZ_1$, erreicht das Produkt seinen höchsten Wert. Der Abschnitt $K_{K1}$ gibt dabei den Wert der Kaufteile an, die von flussaufwärts angesiedelten Wertschöpfungspartnern bereitgestellt werden. Zu den Kaufteilen zählen insbesondere Roh-, Hilfs- und Betriebsstoffe, Halb- und Fertigwaren (Handelswaren), die fremdbezogen werden. Die zeitlichen wie wertorientierten Kenngrößen sind im Rahmen einer detaillierten Geschäftsprozessanalyse zu ermitteln.

Die zweite Phase betrifft die Kundennutzung. Im Modell (vgl. Abbildung 2) sind deterministische Nutzungsdauern unterstellt. Dies kann beispielsweise über Miet- und Leasingverträge erreicht werden, denen feste Laufzeiten zu Grunde liegen. Im Rahmen des Praxisbeispiels in Kapitel 1.3 wird gezeigt werden, dass das Modell auch in Richtung variabler Rücklaufzeiten erweitert werden kann. Auch der Werteverzehr durch Nutzung ist im nachfolgenden Beispiel mit Unsicherheit behaftet. Der sich am Ende der Nutzungsdauer einstellende Restwert $RW_1$ ist eine Funktion u.a. des (Neu-) Produktwertes, der Nutzungsdauer ($ND_1$) und der Nutzungsintensität $NI_1$. In Analogie zu Objekten des Anlagevermögens ist der Werteverzehr ($WV_1$) zu berücksichtigen.

In Phase III durchläuft das Produkt infolge seiner ersten abgeschlossenen Nutzung den Remanufacturing-Prozess. Der Zustand nach Nutzung findet seinen Ausdruck im Restwert $RW_1$. Auch in dieser Phase ist der externe Materialeinsatz zu berücksichtigen ($KK_2$).

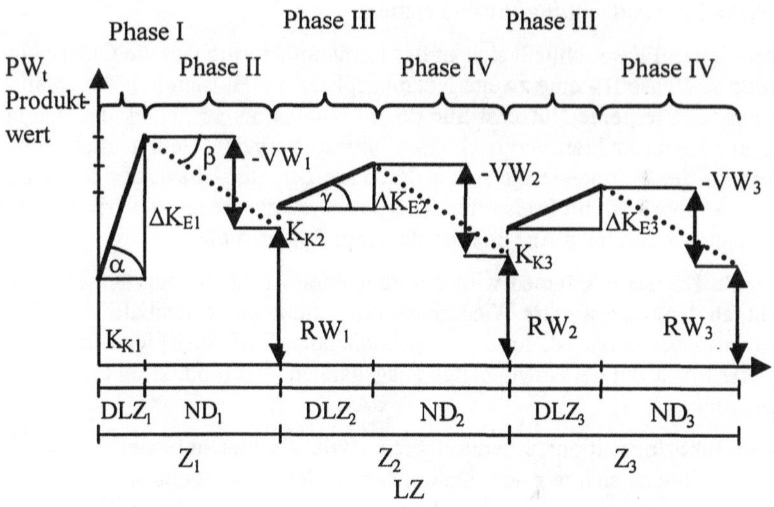


| | | | |
|---|---|---|---|
| PWt | Produktwert im Lebenszyklus | $ND_i$ | Nutzungsdauer im i-ten Zyklus |
| $K_{KI}$ | Wert der eingesetzten Kaufteile im i-ten Teilzyklus | $Z_i$ | Kreislaufperiode des i-ten Teilzyklus |
| | | LZ | Dauer des Zyklus |
| $\Delta K_{Ei}$ | Wertschöpfung durch Eigenerstellung im i-ten Teilzyklus | $\alpha, \gamma$ | Zunahme der Eigenwertschöpfung in $DLZ_1$ bzw. $DLZ_2$ |
| $RW_t$ | Restwert im Zeitpunkt t | $\beta$ | Abnahme des Produktwertes in $ND_i$ |
| $WV_i$ | Wertverzehr durch Nutzung im i-ten Teilzyklus | t | Zeitvariable |
| $DLZ_i$ | Produktions- und Reproduktions-durchlaufzeit im i-ten Teilzyklus | i | Index für den Zyklus (mit i = 1...n) |
| | | n | Anzahl der zu durchlaufenden Teil-zyklen |

**Abb. 2: Wertschöpfungsstruktur für mehrfach wieder verwendbare Produkte (vgl. Siestrup 1997)**

Im Zuge des Remanufacturing erreicht das Produkt einen Produktwert, der aufgrund der im Produkt enthaltenen gebrauchten Teile und Komponenten, unter dem Neuwert liegen wird.

Der dem Remanufacturing-Prozess vorausgehende Beschaffungsprozess weist im Gegensatz zur Phase I einige Besonderheiten auf. Während in der ersten Phase davon ausgegangen wird, dass die bereitgestellten und vereinnahmten Materialien in einwandfreiem Zustand eintreffen (z.B. durch Zulieferungen von zertifizierten Lieferanten), sind bei Rückläufern in einer Kreislaufwirtschaft z.T. erhebliche Aufwendungen erforderlich, bis deren Zustand erfasst ist und die weiteren Verwendungs- oder Verwertungsmöglichkeiten feststehen. Erst dann kann der eigentliche Remanufacturing-Prozess starten.

In der vierten Phase schließt sich an das Remanufacturing und die Güterverteilung -analog zu Phase II - eine zweite Nutzungsphase an. Hinsichtlich der Qualitätsaspekte ist es Ziel, eine Nutzenstiftung beim Kunden zu erreichen, die sich auf einem mit Neuprodukten vergleichbaren Niveau befindet. Gelingt dies nicht oder entspricht diese Strategie nicht dem Interesse des OEM bzw. des Remanufacturers, so könnte z.B. mit Preisdifferenzierungsstrategien reagiert werden (z.B. Staffelung nach Alter, nach Anzahl durchlaufener Zyklen etc.).

Auch bei Kreislaufsystemen wird mit zunehmender Abnutzung der Zeitpunkt erreicht, ab dem eine weitere Wiedernutzbarmachung aus wirtschaftlichen Gründen nicht mehr vertretbar ist. Im sich anschließenden Reifenbeispiel wird von maximal vier Einsätzen bei einem Reifen ausgegangen (Neuproduktion und drei Runderneuerungen).

Dynamische Investitionsrechenverfahren - wie die hier unterstellte Kapitalwertmethode - lassen sich aus dem Unternehmensziel der Gewinnmaximierung ableiten. In der Literatur wird weitgehend eine zahlungsstromorientierte Basis zu Grunde gelegt. Gleichwohl ist es auch möglich und vor dem Hintergrund einer einfacheren Anwendbarkeit auch ratsam, einem investitionsrechnerischen Ansatz auf Basis der kalkulatorischen Erfolgsrechnung zu folgen. Ist die vereinfachende Annahme, dass Kosten und Erlöse als zahlungswirksam anzusehen sind - dies wird im nachfolgenden Anwendungsfall unterstellt - nicht haltbar, so besteht auch für diesen Fall die Möglichkeit, Rechengrößen unterschiedlicher Basisrechnungssysteme z.B. durch Anwendung des LÜCKE-Theorems gleichnamig zu machen.[5]

## 1.3 Fallbeispiel: Kreislaufwirtschaft in der Lkw-Reifen-Industrie

In Deutschland werden jährlich mehr als 600.000 Tonnen Altreifen entsorgt. Seit Einführung des Kreislaufwirtschafts- und Abfallgesetzes (KrW-/AbfG) 1994 wird ein stärkeres Augenmerk auf die Verwertung gelegt. Potenzielle Verwertungswege sind in Tabelle 1 dargestellt.

Aus umweltschutzorientierter Sicht erscheint insbesondere das Remanufacturing von Altreifen interessant. So benötigen runderneuerte Reifen lediglich 25% Mate-

---

[5] Vgl. Kloock (1981).

rialeinsatz bzw. 33% Energieeinsatz im Verhältnis zur Fertigung der Primärprodukte.[6] Dies führt, neben der Ressourceneinsparung, auch zu signifikanten ökonomischen Einsparpotenzialen. In Tabelle 2 sind entsprechende Daten für die Vereinigten Staaten zusammengestellt.

**Tab. 1: Verwertungswege von Altreifen**

| Verwertungsweg | Output |
|---|---|
| Remanufacturing | Runderneuerter Reifen |
| Werkstoffliche Verwertung | Gummi |
| Rohstoffliche Verwertung (Pyrolyse) | Rohöl |
| Energetische Verwertung | Energie |

**Tab. 2: Daten zu runderneuerten Reifen in den USA (vgl. Ferrer/Whybark 2001)**

| | Runderneuerte Reifen [St./a] | Eingesparte Menge an Rohöl pro Reifen [l/a] | Eingesparte Menge an Rohöl [$m^3$/a] (gerundet) |
|---|---|---|---|
| Pkw-Reifen | 5.300.000 | 17 | 90.000 |
| Reifen für Transporter | 7.200.000 | 36 | 259.000 |
| Lkw-Reifen | 15.900.000 | 63 | 1.000.000 |
| Spezialreifen | 870.000 | 140 | 121.000 |
| Summe | 29.270.00 | 50 | 1.470.000 |

Für eine detaillierte Analyse des Remanufacturingpotenzials von Lkw-Reifen wird kurz auf die Produktstruktur eingegangen. Prinzipiell besteht ein Reifen aus zwei Komponenten, einer Karkasse und dem Profilstreifen. Nach einer Nutzungsphase von 100.000 km ist das Profil abgeflacht, während die Karkasse in der Regel keine schwerwiegenden Verschleißerscheinungen aufweist. Der Prozess der

[6] Vgl. Ferrer (1997); IFEU (1997).

Runderneuerung eines Reifens besteht im Wesentlichen darin, das abgenutzte Profil zu entfernen und durch ein neues zu ersetzen. Entsprechend können die in der Karkasse gebundenen Ressourcen einer erneuten Nutzung zugeführt werden. Aus ökonomischer Sicht wird der Reifen dadurch zu einem „langlebigen Wirtschaftsgut“ mit mehreren Nutzungszyklen. Entsprechend müssen zur Bewertung eines Kreislaufwirtschaftsgutes die relevanten Erlöse- und Kostenströme über alle Nutzungsphasen hinweg betrachtet und abdiskontiert werden.

$$KW = \left(E_0 - K_0\right) + \sum_{t=1}^{T} \frac{E\left(E_t - K_t\right)}{q^t}$$

Hierbei bezeichnet $E_0$ die Erlöse beim Verkauf des Primärproduktes, mit $K_0$ werden die Kosten der ersten Nutzungsphase angegeben. Diese umfassen im Wesentlichen die Produktions- und Ressourcenkosten. Der Erwartungswert $E\ (E_t - K_t)$ beschreibt die Erlös- und Kostenflüsse der weiteren Nutzungsphasen. Er hängt in erster Linie von der Rückflusswahrscheinlichkeit ($\rho_t$) der Reifen und der Wiedereinsatzwahrscheinlichkeit ($\theta_t$) der Karkassen ab. In diesem Zusammenhang sind drei Fälle zu unterscheiden:

- *Der Altreifen kommt nicht zurück*: Hierbei fallen keine weiteren Erlös- und Kostenkomponenten an. Gegebenenfalls erhöhte Materialkosten im ersten Zyklus mit dem Ziel, die Wiedereinsatzfähigkeit in den Folgezyklen zu erhöhen, gehen verloren. Andererseits fallen keine Entsorgungskosten für den Fall an, dass das Produkt zwar zurückkommt, aber nicht mehr wiederverwandt werden kann und dementsprechend gesetzeskonform beseitigt werden muss.
- *Der Altreifen kommt zurück und ist wieder einsetzbar:* In diesem Fall ist der Hersteller in der Lage, das Produkt (nach einer Wiederaufbereitung) für einen reduzierten Preis $\pi_{rem}$ abzusetzen. Hierbei entstehen Kosten für die Demontage $k^D$ (Entfernen des alten Profilstreifens), Kosten für neue Materialien $k^N$ (neuer Profilstreifen) sowie die Produktionskosten für die Fixierung der neuen Lauffläche $k^P_{REM}$. Im Gegensatz zu klassischen langlebigen Gütern, wie beispielsweise Flugzeugen oder Produktionsanlagen, steigen die Wartungs-/Remanufacturingkosten bei runderneuerten Reifen i. Allg. nicht über die Zeit, da die Kosten für die neue Lauffläche sowie die Kosten für die Vulkanisierung vom Zustand der Altreifen weitgehend unabhängig sind. Ferner fallen (in Abhängigkeit von der Organisation der Rückführung) Rückführungskosten $k^{RF}$ an.
- *Der Altreifen kommt zurück und ist nicht wieder einsetzbar:* Im untersuchten Szenario wird davon ausgegangen, dass in diesem Fall dem Kunden (ersatzweise) ein Budget-Produkt verkauft werden kann, welches allerdings nicht kreislauffähig ist. In Abhängigkeit von der Organisation der Rückführung fal-

len Rückführungskosten $k^{RF}$ und zusätzlich Entsorgungskosten $k^{O}$ für den Altreifen an. Dieser Fall tritt i. Allg. am Ende des letzten Nutzungszyklus auf.

Damit ergeben sich, bezogen auf einen Reifen, folgende erwartete Erlösüberschüsse ab der zweiten Nutzungsphase:

$$E\left(E_t - A_t\right) = \rho_t \cdot \left[\theta_t \cdot \pi_{REM} + \left(1-\theta_t\right) \cdot \left(\pi_{BUD} - k_{BUD}^{P}\right) - \theta_t \cdot \left(k^{D} + k^{N} + k_{REM}^{P}\right) - c^{RF} - \left(1-\theta_t\right) \cdot k^{O}\right]$$

Für die weiteren Berechnungen wurden die durchschnittlichen Erlös- und Kostenparameter des Bundesverbandes Reifenhandel und Vulkaniseur Handwerk e.V verwandt (vgl. Tabelle 3).

**Tab. 3: Erlös- und Kostenparameter in EUR (vgl. BRV 2000, BRV 2001, IFEU1997)**

| | | | |
|---|---|---|---|
| $\pi_{REM}$ | 295 | $k^{D}$ | 10 |
| $k^{N}$ | 25 | $k^{P}_{REM}$ | 28 |
| $k^{RF}$ | 10 | $k^{O}$ | 5 |
| $\pi_{BUD}$ | 324 | $k^{P}_{BUD}$ | 100 |

Bei der Berechnung der Rückflusswahrscheinlichkeiten $\rho_t$ ist zu beachten, dass ein zum Zeitpunkt t zurückkommender Reifen sich in unterschiedlichen Lebenszyklen befinden kann. Geht man davon aus, dass ein Reifen bzw. die dazu gehörige Karkasse maximal viermal eingesetzt werden kann (einmal als Primärprodukt und dreimal als Sekundärprodukt) und die Zufallsvariablen $X_i$, die die Rückflüsse nach dem i-ten Zyklus beschreiben, unabhängig sind, ergibt sich die Rückflusswahrscheinlichkeit $\rho_t$ gemäß:

$$\rho_t = P(X_1 = t) + \sum_{\forall t = t' + t''} P(X_1 = t') \cdot P(X_2 = t'') + \sum_{\forall t = t' + t'' + t'''} P(X_1 = t') \cdot P(X_2 = t'') \cdot P(X_3 = t''')$$

Für die weiteren Berechnungen wird angenommen, dass die Zufallsvariablen (mit einen Mittelwert von 1,8 Jahren) normalverteilt sind. Dies entspricht den vom Bundesverband Reifenhandel und Vulkaniseur Handwerk e.V ermittelten Daten im Bereich Lkw-Reifen. Damit ergeben sich folgende Rückflusswahrscheinlichkeit für die Perioden t=1 bis t=10:

**Tab. 4: Verteilung der Rückflusswahrscheinlichkeiten**

| T | 1 | 2 | 3 | 4 | 5 | 6 | 7 | 8 | 9 | 10 | 11..15 |
|---|---|---|---|---|---|---|---|---|---|---|---|
| $\rho_t$ | 0,055 | 0,604 | 0,402 | 0,411 | 0,467 | 0,406 | 0,390 | 0,214 | 0,048 | 0,003 | 0 |

Durch die Aggregation der Rückflussverteilungen ist nicht mehr direkt ersichtlich, in welchem Zyklus sich ein zurückkommender Reifen befindet. Da die Wiedereinsatzwahrscheinlichkeit der Karkassen zum Zeitpunkt t aber von der Anzahl der bereits durchlaufenen Zyklen abhängt, muss zunächst die Fraktion $F_{it}$ der in t zurückkommenden Reifen ermittelt werden, die bereits i Zyklen durchlaufen haben.

Die Wiedereinsatzwahrscheinlichkeit der Karkassen zum Zeitpunkt t ergibt sich dann zu:

$$\theta_t = \sum_i F_{i,t} \cdot \varpi_{i,t}$$

Dabei ist $\omega_{i,t}$ die technische Reintegrationswahrscheinlichkeit der Karkassen nach t Perioden und i Zyklen beschreibt (Tabelle 5).

**Tab. 5: Technische Reintegrationswahrscheinlichkeit und Wiedereinsatzwahrscheinlichkeit**

| Technische Reintegrationswahrscheinlichkeit | | | | | | | | | |
|---|---|---|---|---|---|---|---|---|---|
| **i \ t** | **1** | **2** | **3** | **4** | **5** | **6** | **7** | **8** | **9..15** |
| $\omega_{1,t}$ | 0,90 | 0,85 | 0,80 | 0,75 | 0,70 | 0,65 | 0,60 | 0,55 | 0 |
| $\omega_{2,t}$ | | 0,75 | 0,70 | 0,65 | 0,60 | 0,55 | 0,50 | 0,45 | 0 |
| $\omega_{3,t}$ | | | 0,60 | 0,55 | 0,50 | 0,45 | 0,40 | 0,35 | 0 |
| Wiedereinsatzwahrscheinlichkeit | | | | | | | | | |
| $\theta_t$ | 0,90 | 0,85 | 0,78 | 0,65 | 0,59 | 0,48 | 0,40 | 0,35 | 0 |

Zur differenzierten Bewertung des Einsatzes von Remanufacturing-Strategien wird der Kapitalwert (KW) unter Zugrundelegung folgender Szenarien ermittelt (Tabelle 6):

- **Szenario I:** Der Hersteller bietet keine runderneuerten Reifen an. In diesem Fall trägt der Hersteller keine Kosten für die Erfassung, den Transport und die Entsorgung gebrauchter Reifen.
- **Szenario II:** Der Hersteller bietet runderneuerte Reifen an, deren Karkassen er aus dem Markt bezieht. Aufgrund der hohen Nachfrage für gebrauchte Reifen, muss er einen Preis für die Altreifen bezahlen, der von der Anzahl bisher geleisteter Nutzungsphasen abhängt.

- **Szenario III:** Der Hersteller wechselt auf ein Produktnutzungskonzept. D. h., er verkauft dem Kunden das Primärprodukt (incl. drei Runderneuerungen bzw. Reifen aus dem Budget-Segment). In diesem Szenario entfallen die Rückführungskosten, da die Rückführung des Altreifens in der Regel eine vertragliche Vorraussetzung des Kunden ist.

**Tab. 6: Bewertung des Einsatzes von Remanufacturing- Strategien**

| Szenario | KW | KW/Phase | Annahmen |
|---|---|---|---|
| Ia | 699,85 € | 174,96 € | $k^{O} = 0$ |
| Ib | 689,99 € | 172,50 € | $k^{O} = 5$ |
| II | 639,21 € | 159,80 € | $k^{RF}(1) = 50; k^{RF}(2) = 30; k^{RF}(3) = 15$ |
| **III** | **706,67 €** | **176,67 €** | $\mathbf{k^{RF} = 0}$ |

## 1.4 Zusammenfassung

Zusammenfassend kann festgestellt werden, dass ein konsekutiver Einsatz von Produkten sowohl aus ökologischer als auch aus ökonomischer Sicht Erfolg versprechend sein kann. Diese Strategie stellt einen wesentlichen Baustein zur Umsetzung eines nachhaltigen „Gobal Business Management" dar. Zur Bewertung empfiehlt es sich, die Produkte in Analogie zu langlebigen Wirtschaftsgütern zu behandeln. Aus Sicht der Gestaltung von Closed Loop Supply Chains erscheint eine Umsetzung von Remanufacturing-Strategien in Verbindung mit Produktnutzungskonzepten interessant. Diese Vorgehensweise addressiert insbesondere die Problematik der unsicheren Rückflüsse. Die tatsächliche ökonomische Vorteilhaftigkeit hängt jedoch stark von den Rahmenparametern, wie etwa dem jeweiligen Verhältnis der Produktions-, Remanufacturing-, Entsorgungs- und Rückführungskosten ab und muss im Einzelfall ermittelt werden.

## Literaturverzeichnis

Bundesverband Reifenhandel und Vulkaniseur Handwerk e.V. (2000): Statistik, Markanteile der Reifenhersteller im Reifenersatzgeschäft 1999.

Bundesverband Reifenhandel und Vulkaniseur Handwerk e.V. 8 (2001): Statistik: Der Markt für runderneuerte Reifen in Deutschland 2000.

Ferrer, G. (1997): The Economics of Tire Remanufacturing. Resources, in: Resources, Conservation and Recycling, Jg. 19, 4/1997, S. 221-255.

Ferrer, G./Whybark, D. (2001): Material planning for a remanufacturing facility. Production and Operations Management, Jg. 10, 2/2001, S. 112-124.

Institut für Energie und Umweltforschung Heidelberg (1997): Ökologische Bilanzen in der Abfallwirtschaft - Fallbeispiel Verwertung von Altreifen. Umweltbundesamt, Berlin.

Kloock, J. (1981): Mehrperiodige Investitionsrechnungen auf der Basis kalkulatorischer und handelsrechtlicher Erfolgsrechnungen, in: Schmalenbachs Zeitschrift für betriebswirtschaftliche Forschung, 33. Jg., 10/1981, S. 873-890.

Lebreton, B./Tuma, A. (2005): A quantitative approach to assessing the profitability of car and truck tire remanufacturing. Accepted for publication in International Journal of Production Economics.

Siestrup, G./Haasis, H.-D. (1997): Strategische Planung von Produktkreislaufsystemen, in: Zeitschrift für Planung, Jg. 8, S. 149–167.

# 2 Effizienzorientierte Planung und Steuerung von Supply Chains

*Christina Holzkämper*[1]

## 2.1 Motivation und Ausgangslage

Supply Chains – verstanden als Netzwerke - zeichnen sich durch die unternehmensübergreifende Zusammenarbeit von mindestens drei Akteuren aus. Ihr Ziel besteht darin, den unternehmensübergreifenden Wertschöpfungsprozess wettbewerbsfähig zu gestalten. Dazu ist die Planung und Steuerung der Supply Chain Prozesse[2] als Instrument erforderlich. Die integrierte prozessorientierte Planung und Steuerung der Waren-, Informations- und Geldflüsse entlang der gesamten Wertschöpfungskette vom Kunden bis zum Rohstofflieferanten wird als Supply Chain Management verstanden.[3] Doch wann ist eine Supply Chain wettbewerbsfähig? An welchen Zielen ist die Leistung einer Supply Chain auszurichten?

Als erfolgsversprechende Größen werden die Ziele des Supply Chain Managements genannt. Dies sind etwa „Verbesserung der Kundenorientierung", „Synchronisation der Versorgung mit dem Bedarf", „Reduzierung von Durchlaufzeiten" und „Reduktion von Beständen".[4] Doch stellt sich hier die Frage, inwieweit diese Ziele wirklich zur Wettbewerbsfähigkeit führen. Denn es handelt sich genau genommen um die Ausnutzung von Potenzialen durch die Kooperationsform „Supply Chain". In Anbetracht dessen, dass etwa die Beziehungen der Supply Chain-Akteure zueinander und die Kommunikation zwischen den Akteuren ebenfalls großen Einfluss auf den Erfolg einer Supply Chain haben, erscheint eine auf die rein prozessbezogene Erfolgsmessung unvollständig. Zudem lässt die Nennung der Ziele eine Vorgehensweise zur Messung sowie zur Planung und Steuerung und im Zuge dessen zur Gestaltung des unternehmensübergreifenden Wertschöpfungsprozesses offen.

Als Beitrag zur Innovation von Produktion und Logistik im weiteren Sinne wird ein Vorgehensmodell einer effizienzorientierten Planung und Steuerung als ganzheitlicher Ansatz zur erfolgreichen Führung und Gestaltung von Supply Chains vorgestellt.

---

[1] Dr. Christina Holzkämper, BEGO, Bremen.

[2] Zu Supply Chain Modellen vgl. etwa Cooper/Lambert/Pagh (1997); Supply Chain Council (SSC) (1998).

[3] Kuhn/Hellingrath (2002), S. 10.

[4] Vgl. etwa Kuhn/Hellingrath (2002), S. 10; Wildemann (2000), S. 51 ff.

## 2.2 Effizienzorientierte Planung und Steuerung

### 2.2.1 Effizienzorientierung als Gesamtzielsetzung

Zunächst stellt sich die Frage nach der Gesamtzielsetzung auf der Basis eines ganzheitlichen Denkens, nach der die Leistung von Supply Chains ausgerichtet werden kann. Das ganzheitliche Denken als Basis der Planung bedeutet, dass bei der Zielfestlegung Interdependenzen in und zwischen Teil- bzw. Subsystemen sowie deren Auswirkungen auf die Gesamtzielsetzung berücksichtigt werden. Somit geht es nicht um die optimale Entscheidung in den einzelnen funktionalen Bereichen eines Akteurs oder des Akteurs selbst, sondern um die Erreichung einer bestmöglichen Lösung für das Gesamtsystem „Supply Chain".[5] Dies ist natürlich auch mit unternehmensübergreifenden Entscheidungen verbunden.[6]

Die Gesamtzielsetzung etwa auf „die Reduzierung von Beständen" zur richten, wäre allein aus dieser Sichtweise zu kurzsichtig. Vielmehr erfordert die Definition der hier gesuchten Gesamtzielsetzung eine Art Grundsatz. Weit verbreitete Ansätze sind das „Gesamtkostendenken" und das „Servicedenken".[7]

Das Gesamt- oder Totalkostendenken bedeutet, dass etwa bei produktionswirtschaftlichen bzw. logistischen Entscheidungen Auswirkungen auf sämtliche Produktions- und Logistikbereiche berücksichtigt werden. Hierbei geht es um die Kostenoptimierung im Gesamtsystem.[8]

Das Servicedenken basiert auf dem Anspruch der Kundenorientierung und beinhaltet die Leistungserstellung bzw. die Logistikleistungen. Sie werden auch als „Lieferservice" verstanden. Der Lieferservice ist ein Leistungsbündel, dessen Komponenten in der Tabelle 7 dargestellt sind.[9]

Allerdings können weder Kosten noch Leistungen separat voneinander berücksichtigt werden. „Angesichts der zunehmenden Turbulenzen kann selbst ein gewinnmaximierendes Verhalten das Überleben einer Unternehmung nicht gewährleisten."[10] Somit sind Entscheidungen hinsichtlich ihrer Auswirkungen auf die Kosten als auch im Hinblick auf Leistungen zu bewerten.

Die Berücksichtigung von Kosten- und Leistungszielen beruht auf dem Effizienzdenken. Daher wird als Gesamtzielsetzung für Supply Chains die Erzielung von Effizienz betont. Bei dem Effizienzdenken geht es um das Erreichen von Effizienz

---

[5] Vgl. Specht/Hellmich (2000), S. 94; Slomka (1990), S. 53.
[6] Vgl. etwa Blume (2002); Blume/Gehrmann/Haasis (2001).
[7] Vgl. Slomka (1990), S. 54 f.
[8] Zu Logistikkosten vgl. Fleischmann (2002), S. 9 ff.
[9] Vgl. außerdem Kruse (1998), S. 46.
[10] Müller (1996), S. 86.

der betrachteten Supply Chain. Die auf dem Effizienzdenken basierende Planung und Steuerung wird als „effizienzorientiert“ bezeichnet.

**Tab. 7: Komponenten des Lieferservices (vgl. Rohweder 1996, S. 132)**

| Lieferservicekomponente | | Erläuterung |
|---|---|---|
| Lieferzeit | | Zeitdauer von der Auftragserstellung bis zur Verfügbarkeit des Produktes beim Kunden |
| Lieferzuverlässigkeit | | Zuverlässigkeit, mit der die Lieferzeit erfüllt wird |
| Lieferungs-beschaffenheit | Liefergenauigkeit | Übereinstimmung des ausgelieferten Produktes mit der Spezifikation im Auftrag hinsichtlich Art und Menge |
| | Lieferzustand | Übereinstimmung des ausgelieferten Produktes mit der Spezifikation im Auftrag hinsichtlich zugesicherter Produkteigenschaften |
| Lieferflexibilität | Auftragsmodalitäten | Vorgaben hinsichtlich der Abwicklung des Informationsflusses zwischen Kunde und Lieferant |
| | Liefermodalitäten | Vorgaben hinsichtlich der Abwicklung des Güterflusses zwischen Kunde und Lieferant |

### 2.2.2 Maßstab der Effizienzorientierung

Der Begriff „Effizienz“ ist sehr weitreichend mit unterschiedlichen Ausprägungen und Messmöglichkeiten. Daher ist es erforderlich, eine weitere Konkretisierung vorzunehmen. Für die ganzheitliche Bewertung von Supply Chains werden vier Effizienzklassen definiert, die für die Analyse unterschiedlicher Supply Chains geeignet erscheinen. Dabei handelt es sich um:

- Markteffizienz,
- Kooperationseffizienz,
- Ressourceneffizienz und
- Prozesseffizienz

*Markteffizienz*

Markteffizienz bedeutet hier die Ausnutzung von Marktpotentialen. Die Ausschöpfung der Marktpotentiale versteht sich als die Bedienung und Bindung möglichst vieler Kunden, um eine langfristige Existenzsicherung zu gewährleisten.

Dabei geht es insbesondere um die Erreichung von Kundenzufriedenheit durch die Erfüllung der Serviceleistungen.[11]

*Kooperationseffizienz*

Kooperationseffizienz beschreibt den reibungslosen Informations- und Materialfluss zwischen den Akteuren einer Suppy Chain. Dabei geht es darum, sowohl Transaktionskosten als auch –zeiten möglichst niedrig zu halten.[12]

*Prozesseffizienz*

Hinter Prozesseffizienz steht das Ziel einer konsequenten Ausrichtung der Prozesse nach den Kunden. Im Mittelpunkt des Interesses stehen hier niedrige Kosten und Durchlaufzeiten. [13]

*Ressourceneffizienz*

Bei der Ressourceneffizienz geht es um die Ausschöpfung von Potentialfaktoren, insbesondere menschliche Arbeitsleistung und Betriebsmittel.

Die Tabelle 8 stellt die Effizienzziele mit deren jeweiligen Bedeutung zusammenfassend dar.

**Tab. 8: Zieldefinitionen**

| **Ziele** | | | |
|---|---|---|---|
| **Markteffizienz** | **Kooperationseffizienz** | **Prozesseffizienz** | **Ressourceneffizienz** |
| Kundenzufriedenheit<br>niedrige Preise<br>Einhaltung von Terminen<br>kurze Lieferzeiten<br>hohe Qualität | Geringe Reibungsverluste zwischen Supply Chain-Partnern<br>Transaktionszeit<br>Transaktionskosten | Kundenorientierte Ausrichtung der Prozesse<br>niedrige Kosten<br>kurze Durchlaufzeiten | hohe Ausschöpfung der Potentialfaktoren<br>menschliche Arbeitsleistung<br>Betriebsmittel |

Je nach Supply Chain-Beschaffenheit ist denkbar, dass die Effizienzziele unterschiedliche Prioritäten haben. Eine Supply Chain mit Schwerpunkt auf einer auftragsbezogenen Produktion wird der Kooperationseffizienz vielleicht eine größere

[11] Vgl. etwa Günter/Tempelmeier (1994), S. 54; Delfmann (1997), S. 86.

[12] Vgl. hierzu etwa Picot/Reichwald/Wigand (2001); Beck (1998), S. 72.

[13] Zur umfassenden Qualitäts- und Kostenverständnis sowie Durchlaufzeitverkürzung als Erfolgsfaktoren vgl. die Ausführungen von Brede (1998), S. 74ff.

Bedeutung zukommen lassen als eine Supply Chain mit weitestgehend standardisierten Komponenten. Das bedeutet, dass verschiedene Planungsprobleme letztendlich Einfluss auf unterschiedliche Arten von Effizienzen einer Supply Chain haben. Zum anderen unterliegen Supply Chains je nach Beschaffenheit unterschiedlichen Kooperationsformen, so dass auch dies zu einer unterschiedlichen Effizienzbewertung führen kann. Nachfolgend wird ein Bewertungsmaßstab in Form von Kennzahlen dargestellt.

### 2.2.3 Definition von Kennzahlen

Die Grundlage für Entscheidungen des strategischen oder operativen Supply Chain Management bilden Informationen über die Effizienz der Supply Chain in Form von Kennzahlen. Unter einer „Kennzahl" wird eine Zahl verstanden, die „betriebliche und außerbetriebliche Informationen in aussagekräftiger, komprimierter Form wiedergibt."[14]

**Tab. 9: Zielgröße und mögliche Messgröße von Effizienz**

| | **Zielgröße** | **Beispiele für Messgrößen** |
|---|---|---|
| **Markteffizienz** | Kundenzufriedenheit | Indikatoren:<br>• Preis<br>• Termineinhaltung<br>• Lieferzeiten<br>• Qualität<br>• Marktanteile |
| **Kooperations-effizienz** | niedrige Transaktions-kosten und –zeiten | Bewertung von Transaktionen wie etwa Personaleinsatz nach Zeit und Kosten in der Auftragsübermittlungsphase;<br>Telefonkosten; Reisekosten und –zeiten; Angebotserstellungskosten und –zeiten etc. |
| **Prozesseffizienz** | niedrige Kosten und Durchlaufzeiten | Logistikkosten<br>Transportkosten und -zeiten<br>Auftragsbearbeitungskosten und Durchlaufzeiten;<br>Umschlagshäufigkeiten; Deckungsbeiträge u.a. |
| **Ressourceneffizienz** | Ressourcenauslastung | Ressourceneinsatz nach Zeit und Kosten im Verhältnis zum Umsatz (Produktivität) |

---

[14] Kennzahlen können auf unterschiedliche Weise gebildet werden. Dabei wird seit langem eine Diskussion über eine einheitliche Kategorisierung von Kennzahlen geführt. Einige Autoren setzten die Klassifikation mit den Arten von Kennzahlen gleich, andere verstehen unter „Arten" lediglich die Unterscheidung nach Verhältniszahlen und absoluten Zahlen. Vgl. etwa Rudoph (1993), S. 97; Botta (1997), S. 16.

Effizienzziele sind sowohl für das strategische als auch das operative Supply Chain Management entscheidend. Im Gegensatz zum strategischen besteht der Zweck des operativen Supply Chain Management im Gestalten und Steuern einer effizienten Leistungserstellung innerhalb der vom strategischen Management vorgegeben Netzwerkinfrastruktur.[15] Hier geht es um Entscheidungen wie Ressourceneinsatz, Höhe der Lagerbestände, wirtschaftliche Losgrößen, die auf der Grundlage der operativen Planungsebene getroffen werden.

Im Rahmen der Planung und Steuerung ist es somit erforderlich, sowohl im strategischen als auch im operativen Bereich Soll-Ist-Werte zu messen und zu vergleichen. Die Abweichungsanalyse gibt Aufschluss über den Grad der Zielerreichung und der Ergreifung von Maßnahmen. Dazu ist eine Vorgehensweise erforderlich, die eine Entscheidungsgrundlage für die Auswahl von Maßnahmen darstellt und Prioritäten aufzeigt.

## 2.3 Vorgehensweise einer effizienzorientierten Planung und Steuerung

### 2.3.1 Ein Vorgehensmodell

Das Vorgehensmodell ist nach Aktivitäten der Planung und Steuerung aufgebaut (vgl. Abbildung 3) und wird nachfolgend erläutert.

Im Rahmen der Planung werden die Effizienzziele definiert und Soll-Werte festgelegt. Die Steuerung beinhaltet eine regelmäßige Messung der Ist-Werte, den Vergleich mit den Soll-Werten und einer Abweichungsanalyse sowie der Ergreifung von Maßnahmen. Eine besondere Stellung nehmen hier die Abweichungsanalyse und die Ergreifung von Maßnahmen ein.

Bei der Abweichungsanalyse geht es um die Identifizierung von Planungsproblemen und der Ursachenanalyse für Ineffizienzen. Weiterhin gehört dazu, die Planungsprobleme einer Effizienz zuzuordnen. Auf dieser Grundlage können Maßnahmen gezielt definiert, bewertet, ausgewählt und für die Durchführung priorisiert werden.

Auf diese Weise werden Schwachstellen in Supply Chains systematisch transparent gemacht. So kann etwa bei der Bewertung der Kooperationseffizienz auch ein leistungsschwacher Akteur identifiziert werden. Die Bewertung von effizienzorientierten Maßnahmen als Entscheidungsgrundlage für die Durchführung stellt eine weitere Herausforderung dar.

---

[15] Vgl. Wohlgemuth/Hess (1999), S. 8.

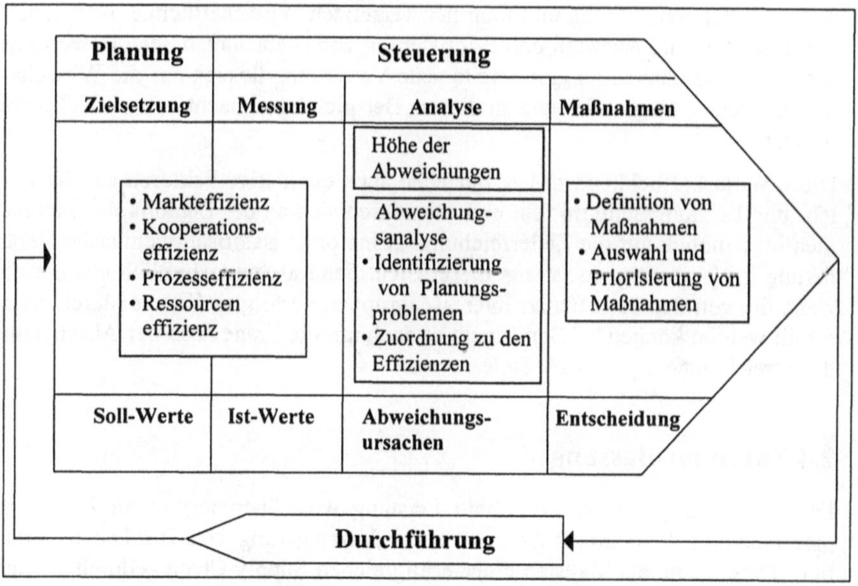


**Abb. 3: Vorgehensmodell einer effizienzorientierten Planung und Steuerung**

### 2.3.2 Bewertung von effizienzorientierten Maßnahmen

Die ganzheitliche Planung und Steuerung von Supply Chains nach dem effizienzorientierten Verständnis erfordert sowohl einen erweiterten Ansatz der bisherigen Planungs- und Steuerungsinstrumente als auch einen zur Bewertung der Maßnahmen. Denn klassische Investitionsrechnungen stoßen hier an ihre Grenzen. Dies begründet sich etwa daraus, dass etwa Maßnahmen im Rahmen der Prozesseffizienz Investitionen in innovative IuK-Technologien sein können. Eine Bewertung der Maßnahme im Hinblick auf die effizienzorientierte Zielsetzung kann sich dabei als schwierig erweisen, was durch die Vernetzung in und zwischen den Akteuren einer Supply Chain zu begründen ist. Zudem kann die Investition in innovative IuK-Technologien auch das Zusammenspiel der Akteure und die Organisation verändern. In diesem Fall wird „das klassische Muster der Investitionsrechnung an einen isolierbaren Investitionsobjekt [..] außer Kraft gesetzt, da neben den reinen Investitionsaufwendungen für die Technik stets intensive Begleitaufwendungen für Maßnahmen zur Änderung und Anpassung der Organisation und der menschlichen Arbeit zu verzeichnen sind. Bewertungsobjekt kann daher nicht mehr eine isolierte Einzelmaßnahme sind, sondern Maßnahmenbündel mit teilweise zeitlich verzögerten und räumlich versetzten Wirtschaftlichkeitseffekten."[16] Somit sind für die Auswahl und Priorisierung von Maßnahmen neue Bewertungsansätze abzuschätzen. Es gibt bereits neue Verfahren, die sich auf die Wirtschaftlichkeitsbeurteilung - wie etwa an diesem Beispiel festgemacht - von IuK-Technik beziehen.[17]

Diese Wirtschaftlichkeitsansätze beziehen auch qualitative Faktoren auf der Kosten- und Leistungsseite mit ein und orientieren sich an der Eignung der Maßnahmen im Hinblick auf die Zielerreichung. „Eine organisatorisch-technische Veränderung im Unternehmen ist aus dieser Sicht dann als wirtschaftlich einzustufen, wenn die von den betroffenen Interessengruppen verfolgten Ziele dadurch besser erfüllt werden können."[18] Somit geht es auch um die Frage nach der Abschätzung der Erreichung der gesetzten Ziele.

## 2.4 Zusammenfassung

Die Ausrichtung der Supply Chain Leistung wird überwiegend an Zielen wie „Reduzierung der Durchlaufzeiten" oder „Verringerung von Beständen" orientiert. Diese Ziele als Maßstab einer erfolgreichen Supply Chain – durch Ausnutzung von Potentialen – sind nicht ausreichend, wenn bedacht wird, dass auch das Zusammenspiel der Akteure für den Erfolg einer Supply Chain entscheidend ist.

Während für die Definition der Gesamtzielsetzung oftmals Kosten- und/oder Leistungsziele im Vordergrund stehen, wird hier das Verhältnis beider zueinander im sinne von „Effizienz" näher betrachtet. Dabei wird Effizienz für eine weitreichende Planung und Steuerung durch das Supply Chain Management eine Differenzierung in „Markt-", „Kooperations-", „Prozess-" und „Ressourceneffizienz" unterschieden. Und mit möglichen Kennzahlen belegt. Die Berücksichtigung von Effizienzzielen durch das Supply Chain Management wird als „effizienzorienietierte Planung und Steuerung" verstanden. Sie bietet neue Ansätze zur Analyse und Identifizierung von Schwachstellen im Supply Chain-Komplex und dessen Gestaltung.

Die Vorgehensweise der effizienzorientierten Planung und Steuerung wird in einem Vorgehensmodell abgebildet. Darin werden im Rahmen der Planung Ziele definiert und Soll-Größen festgelegt. Im Rahmen der Steuerung werden eine regelmäßige Messung der Ist-Werte sowie eine Abweichungsanalyse zu den Soll-Werten genommen. Dabei werden Planungsprobleme einer Effizienzkategorie zu-

[16] Picot/Reichwald/Wigand (2001), S. 199.

[17] Einen Überblick geben etwa Picot/Reichwald/Wigand (2001), S. 201.

[18] Picot/Reichwald/Wigand (2001), S. 201.

geordnet. Auf diese Weise können gezielt Maßnahmen etwa auch im Hinblick auf die Kooperation ergriffen werden.

## Literaturverzeichnis

Botta, V. (1997): Kennzahlensysteme als Führungsinstrumente, 5. Aufl., Berlin.

Beck, T. C. (1998): Coopetition bei der Netzwerkorganisation, in: Zeitschrift Führung und Organisation, 67. Jg., S. 271-276.

Blume, V. (2002): Informations- und Entscheidungsmanagement in der Kreislaufwirtschaft, Diss., Frankfurt a. M.

Blume, V./Gehrmann, C./Haasis, H.-D. (2001): Überbetriebliches Informations- und Entscheidungsmanagement am Beispiel der Kreislaufwirtschaft, in: Buhl, H. U./Huther, A./Reitwiesner, B. (Hrsg.): Information Age Economy, 5. Internationale Tagung Wirtschaftsinformatik, Heidelberg, S. 787 – 800.

Brede, H. (1998): Prozeßorientiertes Controlling: Ansatz zu einem neuen Controllingverständnis im Rahmen wandelbarer Prozeßstrukturen, München.

Cooper, M./Lambert, B./Pagh, J. (1997): Supply Chain Management: More than a new name for logistics, in: International Journal of Logistic Management, 8. Jg. , S. 1-14.

Fleischmann, B. (2002): Begriffliche Grundlagen, in: Arnold, D./Isermann H. et al. (Hrsg.): Handbuch der Logistik, Berlin/Heidelberg.

Günther, H.-O./Tempelmeier, H. (1994): Produktion und Logistik, Heidelberg.

Müller, A. (1996): Grundzüge eines ganzheitlichen Controllings, München.

Picot, A./Reichwald, R./Wigand, R. T. (2001): Die grenzenlose Unternehmung, 4. Aufl., Wiesbaden.

Rohweder, D.: Informationstechnologie und Auftragsabwicklung - Potentiale zur Gestaltung und flexiblen kundenorientierten Steuerung des Auftragsflusses in und zwischen Unternehmen.

Rudolph, F. (1993): Kennzahlensysteme, in: Zeitschrift für Planung, 1/1993.

Slomka, M. (1989): Methoden der Schwachstellen- und Ursachenanalyse in logistischen Systemen – Eine empirische Untersuchung, Diss., Bergisch Gladbach.

Specht, D./Hellmich, K. (2000): Management von Zulieferbeziehungen in dynamischen Produktionsnetzwerken, in: Wildemann, H. (Hrsg.): Supply Chain Management, München, S. 89-116.

Wohlgemuth, O./Hess, T. (2001): Die strategische Lücke im Supply Chain Management, in: Sebastian, H.-J./Grünert, T. (Hrsg.): Logistik Management. Supply Chain Management und e-Business, S. 69-82.

# 3 Produktionsplanungs- und -steuerungs-Systeme für virtuelle KMU-Produktionsnetzwerke: Forschungslücke, Anforderungen und Lösungsansatz

*Hendrik Wildebrand*[1]

## 3.1 Ausgangslage und Problemstellung

Unternehmenskooperationen gewinnen zunehmend an Bedeutung und sind vielfach Diskussionsgegenstand in der betriebswirtschaftlichen Literatur. Der grundlegende Anlass zur Bildung kooperativer Unternehmensverbünde besteht darin, Produktionsfaktoren, wie etwa Produktionsanlagen, Mitarbeiter oder Wissen zwischenbetrieblich zu kombinieren.[2] Diese interorganisationalen Netzwerke verbinden die Möglichkeit einer flexiblen kundenspezifischen Produktion auf Ebene der einzelnen Netzwerkelemente mit der Option zur Nutzung von Synergieeffekten, wie etwa Rationalisierungspotenziale, Kapazitätserweiterungen oder das Anbieten eines breiteren Produktspektrums, auf der Netzwerkebene.[3]

Virtuelle Produktionsnetzwerke, bestehend aus rechtlich und wirtschaftlich selbständigen Unternehmen, bilden eine Möglichkeit der zwischenbetrieblichen Kooperation.[4] Auf der Basis einer stabilen Kooperationsplattform konfigurieren sich hier die beteiligten Akteure auftrags- und problembezogen.[5] In virtuellen Produktionsnetzwerken besteht im Vergleich zu herkömmlichen Fertigungsunternehmen aufgrund häufig wechselnder Kooperationspartner, räumlich und zeitlich getrennter Leistungserstellung sowie durch den hohen Grad an Dynamik der zwischenbetrieblichen Abläufe ein erhöhter Abstimmungs- und Koordinationsbedarf.[6] Um derartige Netzwerkkonstellationen managen zu können, wird zunehmend die Planung, Steuerung und Kontrolle dieser Form der zwischenbetrieblichen Zusammenarbeit thematisiert.[7]

Einen entscheidenden Faktor bildet dabei die Entwicklung und Implementierung entsprechender Produktionsplanungs- und -steuerungs-Systeme (PPS-Systeme).

---

[1] Dipl.-Wi.-Ing. Hendrik Wildebrand, Lehrstuhl für Allgemeine Betriebswirtschaftslehre, Produktionswirtschaft und Industriebetriebslehre, Universität Bremen.

[2] Vgl. Buxmann/König (2000), S. 2.

[3] Vgl. Haasis/Tuma/Franke (1999), S. 10f.

[4] Vgl. Bellmann/Hippe (1996), S. 57.

[5] Vgl. Corsten/Gössinger (2000), S. 250ff.

[6] Vgl. Meyer/Steven (2000), S. 31ff.

[7] Vgl. Haasis/Tuma/Franke (1999), S. 10ff.; Zundel (1999), S. 2.

Die Geschwindigkeit, mit der diese Systeme integriert sowie dynamisch an sich kontinuierlich ändernde Randbedingungen kostenadäquat angepasst werden können, wird dabei zum Erfolgsfaktor eines virtuellen Produktionsnetzwerks.[8]

Die derzeitig existierenden Konzepte der Produktionsplanung- und -steuerung (PPS) sowie die daraus resultierenden PPS-Systeme eigenen sich jedoch aufgrund ihrer Komplexität nicht für die hier betrachtete Kooperationsform.[9] Nach Ansicht etwa von Lutz/Wiendahl[10] oder Gronau[11] müssen für virtuelle Produktionsnetzwerke deshalb kleine, flexible und konfigurierbare Module entwickelt werden, die zusammengefasst die Eigenschaften herkömmlicher betriebsinterner PPS-Systeme abbilden.

Das „Virtual-Production-Network (VIPRO-NET)“, das auf diesem Ansatz aufbaut und damit ein entsprechendes PPS-Modul darstellt, wurde im Rahmen eines Verbundprojekts des Lehrstuhls für Allgemeine Betriebswirtschaftslehre, Produktionswirtschaft und Industriebetriebslehre der Universität Bremen am Beispiel eines virtuellen Produktionsnetzwerks, bestehend aus kleinen und mittleren Unternehmen der Automatisierungstechnik und Luftfahrt-Zulieferindustrie, entwickelt. Angepasst an die Belange und finanziellen Restriktionen kleiner und mittlerer Unternehmen ermöglicht es die unternehmensübergreifende Ressourcenplanung und damit auftrags- und problembezogene Konfigurationen zu virtuellen KMU-Produktionsnetzwerken.

Im vorliegenden Beitrag werden zum einen die Anforderungen an PPS-Systeme für heterarchisch koordinierte, virtuelle KMU-Produktionsnetzwerke systematisch identifiziert und zum anderen die derzeitige Diskrepanz zwischen Anforderungen und Umsetzung entsprechender Technologien aufgezeigt. Anschließend wird die technische Infrastruktur des „VIPRO-NET“, das als PPS-Modul die Divergenz zwischen Theorie und Praxis reduzieren kann, sowie dessen Funktionsweise anhand eines ausgewählten Anwendungsbeispiels aus dem Bereich des Remanufacturing in der Luftfahrt-Zulieferindustrie dargestellt.

---

[8] Vgl. Kurbel (1999), S. 353ff.

[9] Vgl. Sieber (2001), S. 182 f.

[10] Vgl. Lutz/Wiendahl (2003), S. 693.

[11] Vgl. Gronau (1998), S. 27ff.

## 3.2 Merkmale, Koordination und Kooperationsplattform virtueller Produktionsnetzwerke

Virtuelle Produktionsnetzwerke, als spezifische Erscheinungsform virtueller Unternehmen,[12] bilden eine Möglichkeit zur zwischenbetrieblichen Kooperation.[13] Diese Netzwerke sind sich dynamisch rekonfigurierende Unternehmenskooperationen, die in ihrer Dauer zeitlich begrenzt sind.[14] Wie nachfolgend aufgezeigt wird, konfigurieren sich hier rechtlich und wirtschaftlich selbständige Akteure auf der Basis einer stabilen Kooperationsplattform auftrags- und problembezogen mit dem Ziel der Erstellung materieller Güter.[15] Es wird somit ein Prozessnetzwerk aus überbetrieblichen Produktionsprozessen konfiguriert, auf dessen Grundlage eine kooperative Erstellung einer Leistung vollzogen wird.[16] Jedes Unternehmen des virtuellen Produktionsnetzwerks hat auch Beziehungen zu anderen Firmen außerhalb der Kooperation bzw. ist auch in andere Kooperationsnetzwerke eingebunden.[17]

Für die weiteren Überlegungen werden in Anlehnung an Corsten[18] die folgenden Merkmale virtueller Produktionsnetzwerke festgelegt:

- es liegt eine polyzentrische (heterarchische) Netzwerkkoordination vor und
- es existiert eine dauerhafte Netzstruktur als Grundlage, die die Möglichkeit für ad-hoc-Kooperationen bildet.

Polyzentrische (heterarchische) Unternehmensnetzwerke sind dadurch gekennzeichnet, dass die Netzwerkkoordination durch die Netzwerkunternehmen gemeinsam durchgeführt wird, so dass sämtliche Partner miteinander in Beziehung stehen können.[19] In diesem Zusammenhang wird auch von virtuellen Netzwerken mit offener Systemführerschaft gesprochen.[20] Die Partnerunternehmen eines solchen Netzwerks können aber auch gemeinsam einen Akteur, der dann als fokales Unternehmen bezeichnet wird, bestimmen, der die Koordinationsaufgaben zeitweilig übernimmt, ohne dass sich eine einheitliche Leitung in wirtschaftlichen

[12] Vgl. Corsten/Gössinger (2000), S. 250ff.
[13] Vgl. Bellmann/Hippe (1996), S. 57.
[14] Vgl. Lutz/Wiendahl (2003), S. 686.
[15] Vgl. Corsten/Gössinger (2000), S. 250ff.
[16] Vgl. Corsten/Gössinger (2000), S. 250.
[17] Vgl. Lutz/Wiendahl (2003), S. 686.
[18] Vgl. Corsten/Gössinger (2000), S. 250ff.
[19] Vgl. Holzkämper (2002), S. 8.
[20] Vgl. Corsten/Gössinger (2001), S. 30.

Angelegenheiten herausbildet.[21] Die Stellung als fokaler Akteur nimmt bei Unternehmensnetzwerken das auftragsakquirierende Unternehmen bzw. der Kooperationspartner mit dem höchsten auftragsspezifischen Wertschöpfungsanteil ein.[22] Da durch die Kooperation zu bearbeitende Kundenaufträge durch verschiedene Akteure akquiriert und damit durch verschiedene fokale Unternehmen koordiniert werden können, folgt damit gleichermaßen der fortlaufende Wechsel der PPS-Systemverantwortung.

Die dauerhafte Netzwerkstruktur ist ein Potenzialzustand, auf dessen Basis sich ein virtuelles Produktionsnetzwerk ad-hoc konfiguriert. Corsten[23] spricht in diesem Zusammenhang von einem Pool aus Unternehmen, auf die auftrags- und problembezogen zurückgegriffen werden kann und betont, dass virtuelle Produktionsnetzwerke ein stabiles Netzwerk, also eine Kooperationsplattform[24], als Grundlage benötigen. Diese Kooperationsplattform ist ein Kooperationsrahmen, der durch Investitionen der Beteiligten in netzwerk-spezifische Ressourcen geschaffen wird. Hier kann es sich etwa um ein gemeinsames PPS-System[25] handeln, das ausschließlich der netzwerkspezifischen Konfiguration und Auftragsabwicklung dient.[26]

## 3.3 Der Auftragsabwicklungsprozess eines virtuellen Produktionsnetzwerks

Abbildung 4 stellt eine Kooperationsplattform und ein sich auf dieser Basis konfigurierendes virtuelles Produktionsnetzwerk beispielhaft dar. Die Unternehmen U1-U6 bilden die Kooperationsplattform des virtuellen Produktionsnetzwerks, wobei ein Teil der Unternehmen (U2, U3, U5) als Ansprechpartner für potenzielle Kunden (K1–K4) fungiert.[27]

Beauftragt ein potenzieller Kunde seinen Ansprechpartner des Produktionsnetzwerks mit der Erstellung einer bestimmten Leistung, werden durch den

---

21 Vgl. Windeler (2001), S. 49.

22 Vgl. Holzkämper (2002), S. 8f.

23 Vgl. Corsten/Gössinger (2001), S. 46.

24 Der Potenzialzustand, also das stabile Netzwerk der beteiligten Akteure eines virtuelles Produktionsnetzwerks, wird im Weiteren als Kooperationsplattform bezeichnet.

25 Unter einem PPS-System versteht man ein umfassendes, computergestütztes Informations-, Dispositions- und Steuerungssystem, das die Abstimmung von Entscheidungen im Bereich der Produktionsplanung bis hin zur Produktionssteuerung und Auftragskontrolle unterstützt. Vgl. Meyer/Steven (2000), S. 17.

26 Vgl. Lutz/Wiendahl (2003), S. 687.

27 Vgl. Zink/Voß/Essner (2002), S. 211 ff.

angefragten Netzwerkakteur die Unternehmen der Kooperationsplattform zusammengestellt, die den Auftrag gemeinsam bearbeiten können.[28]

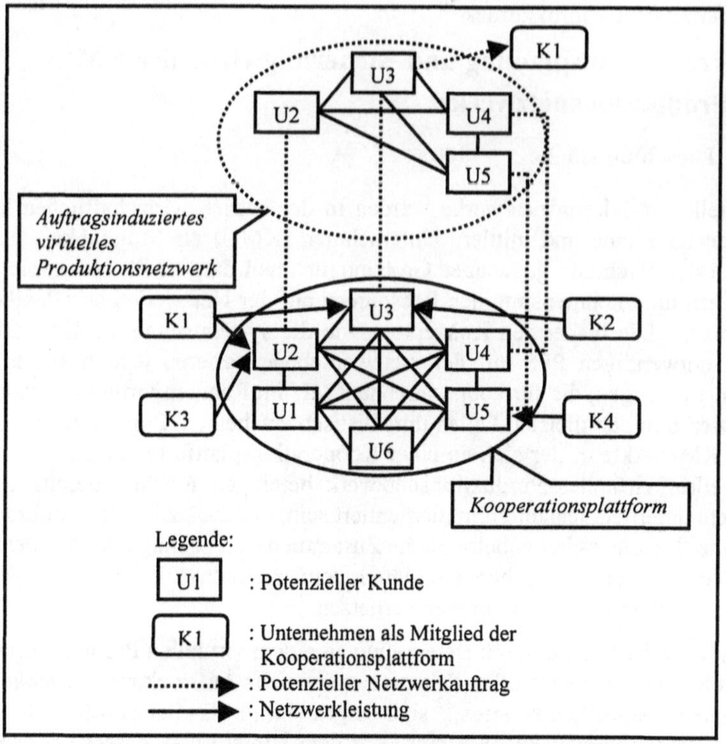


**Abb. 4: Kooperationsplattform und ein sich auf dieser Basis konfigurierendes virtuelles Produktionsnetzwerk**

Dabei kann es sich um die auftragsspezifische Vernetzung etwa von Kernkompetenzen oder Produktionskapazitäten handeln, die dem angefragten Unternehmen nicht bzw. nicht vollständig zur Verfügung stehen. In Abbildung 4 besteht das sich aus der Kooperationsplattform konfigurierende virtuelle Produktionsnetzwerk aus den Unternehmen U2, U3, U4 und U5. Da das Unternehmen U3 den Kontakt zum Kunden und damit den Auftrag akquiriert hat, fungiert dieses während der zeitlichen Dauer der Auftragsabwicklung als Ansprechpartner des Kunden K1 sowie als Koordinator innerhalb der auftragsinduzierten Kooperation.[29] Nachdem die durch den Kunden K1

[28] Vgl. Meyer/Steven (2000), S. 18.
[29] Vgl. Zink/Voß/Essner (2002), S. 211ff.

beauftragte Leistung durch das virtuelle Produktionsnetzwerk erstellt und ihm diese durch das Unternehmen U3 übergeben wurde, löst sich das auftragsinduzierte Netzwerk wieder auf und fällt in den inaktiven Potenzialzustand der Kooperationsplattform zurück.[30]

## 3.4 Produktionsplanung und -steuerung virtueller KMU-Produktionsnetzwerke

### 3.4.1 Forschungslücke

Virtuelle Produktionsnetzwerke werden in der betriebswirtschaftlichen Literatur gerade für kleine und mittlere Unternehmen (KMU) als Möglichkeit zum Ausgleich der Nachteile gegenüber Großunternehmen dargestellt, indem sie ihre jeweiligen unternehmensinternen Ressourcen auf der Netzwerkebene flexibel kombinieren.[31] Die bisherigen Konzepte sowie die systemtechnische Umsetzung der dazu notwendigen PPS auf der Netzwerkebene basieren jedoch auf folgenden Voraussetzungen, die für kooperierende KMU im Rahmen virtueller Produktionsnetzwerke in den meisten Fällen unrealistisch erscheinen. Zum einen muss bei jedem KMU-Akteur, der sich an einer Kooperationsplattform als Basis für ein potenzielles, virtuelles Produktionsnetzwerk beteiligen möchte, bereits ein PPS-System unternehmensintern implementiert sein, das zusätzlich den Anforderungen an eine flexible zwischenbetriebliche Zusammenarbeit genügt. Zum anderen muss sich jeder Akteur dazu bereit erklären, sein innerbetriebliches PPS-System mit denen der Kooperationspartner zu vernetzen.

Gerade die KMU, die durch Beteiligung an einem virtuellen Produktionsnetzwerk ihren Mangel an finanziellen Ressourcen etwa zur Aufstockung betrieblicher Kapazitäten ausgleichen könnten,[32] sind aufgrund ihrer Kapitalschwäche oft nicht im Besitz eines internen PPS-Systems. Vor dem Hintergrund, dass allein die Implementierung eines solchen innerbetrieblichen Systems für 20 Arbeitsplätze ein Investitionsvolumen von etwa 200.000 Euro darstellt,[33] würden finanzschwache Unternehmen an derartigen Kooperationen nicht teilnehmen können.

Des Weiteren wird gerade die innovative Idee hinsichtlich der Flexibilität der Kooperationspartner innerhalb virtueller Produktionsnetzwerke in den Vordergrund gestellt. Dieses bedeutet u.a., dass die beteiligten Netzwerkpartner zusätzlich auch außerhalb dieser Kooperationsform mit anderen Unternehmen zusammenarbeiten bzw. in weitere Kooperationsplattformen eingebunden sein können.[34] Wird nun

---

[30] Vgl. Brütsch (1999), S. 85f.

[31] Vgl. Zink/Voss/Esser (2002), S. 209ff.

[32] Vgl. http://www.ifu-kybernetik.de/downloads/ifutel15.pdf, 03.02.2006.

[33] Vgl. Scheid/Nothnagel (1999), S. 26.

[34] Vgl. Lutz/Wiendahl (2003), S.686.

die Forderung der Vernetzung der jeweiligen PPS-Systeme der Partner hinsichtlich einer gemeinsamen Produktionsplanung und -steuerung betrachtet, wird ersichtlich, dass die einzelnen Akteure damit auch PPS-Schnittstellen zu mehreren Netzwerken implementieren müssen. Dabei ist jedoch zu betonen, dass jedes virtuelle Produktionsnetzwerk unterschiedliche PPS-System-Varianten beinhaltet, zu denen der Akteur dann jeweils unterschiedliche PPS-Schnittstellen aufzubauen hätte,[35] was in der Praxis folglich zu zeit- sowie kostenintensiven Aktivitäten führen würde.

Die Diskrepanz zwischen den theoretischen Zielen virtueller Produktionsnetzwerke und den dazugehörigen Umsetzungskonzepten hinsichtlich ihrer PPS begründet sich u.a. aus dem Problem, diese Kooperationsform einheitlich zu definieren. In diesem Zusammenhang weisen einige Autoren darauf hin, dass gerade die Unterscheidung von Unternehmensnetzwerken einem „Begriffswirrwarr" ähnelt, da die Literatur eine kaum zu überblickende Vielzahl an unterschiedlichen Merkmalen bietet, die zur Typenbildung von Netzwerken herangezogen werden können.[36] Dieses betrifft insbesondere die Definition der Merkmale virtueller Unternehmen und somit auch die Spezifizierung virtueller Produktionsnetzwerke als deren spezielle Erscheinungsform.[37] Diese unterschiedlichen Definitionen führen u.a. dazu, dass PPS-Aufgaben und damit deren systemtechnische Umsetzung, die insbesondere die Anforderungen an die kontinuierliche Zusammenarbeit innerhalb auf Langfristigkeit ausgelegter Supply Chains erfüllt,[38] auf die temporäre (ex ante befristete) Zusammenarbeit innerhalb virtueller Produktionsnetzwerke übertragen wird. Derartige PPS-Konzepte eignen sich jedoch aufgrund ihrer Komplexität sowie den damit verbunden hohen Implementierungszeiten und –kosten nicht für die kurzfristige als auch flexible Zusammenarbeit im Rahmen der hier betrachteten Kooperationsform. Auch Kurbel[39] bezieht sich auf die Ergebnisse mehrerer Studien und ist der Auffassung, dass virtuelle Produktionsnetzwerke durch die heutigen PPS-Systeme bislang noch unzureichend unterstützt werden.

### 3.4.2 Anforderungen an PPS-Systeme virtueller KMU-Produktionsnetzwerke

PPS-Systeme für virtuelle KMU-Produktionsnetzwerke müssen „virtualisierungsfähig" gestaltet werden. Die Geschwindigkeit, mit der ein solches PPS-System dynamisch an sich kontinuierlich ändernde Randbedingungen angepasst werden

[35] Vgl. Lutz/Wiendahl (2003), S.693.
[36] Vgl. Corsten/Gössinger (2001), S. 20.
[37] Vgl. Bellmann/Hippe (1996), S. 57.
[38] Vgl. Buxmann/König (2000), S. 3ff.
[39] Vgl. Kurbel (1999), S. 353.

kann, wird dabei zum Erfolgsfaktor des virtuellen Produktionsnetzwerks.[40] Damit ist etwa eine hohe Adaptions- und Vernetzungsfähigkeit des Systems gemeint. Dies bedeutet, dass PPS-Systeme innerhalb virtueller KMU-Produktionsnetzwerke die notwendige Flexibilität aufweisen müssen neue Partner zu integrieren und sich dem Wechsel von Netzwerkpartnern sowie des fokalen Unternehmens kurzfristig anzupassen.[41] Sieber[42] stellt in diesem Zusammenhang fest, dass gerade die Integrationsbestrebungen hinsichtlich der Bildung gemeinsamer Unternehmens-, Daten- und Funktionsmodelle die Flexibilität, die durch virtuelle KMU-Produktionsnetzwerke erzielt werden soll, behindern[43] und damit, wie bereits erwähnt, die Umsetzung solcher Systeme komplex und deshalb zeit- sowie kostenintensiv ist.

Zum einen muss hier deshalb evaluiert werden, welche spezifischen Planungs- und Steuerungselemente eine Kooperationsplattform sowie ein sich daraus konfigurierendes virtuelles KMU-Produktionsnetzwerk überhaupt benötigt. Zum anderen ist zu bewerten, wie hoch die Akzeptanz bei den Akteuren bzgl. notwendiger Investitionen und Zeitaufwendungen für die Implementierung derartiger Systeme ist. Diese Vorgehensweise begründet sich zusätzlich auch vor dem Hintergrund, dass die Kooperationspartner gleichzeitig mit anderen, nicht an der Kooperationsplattform teilnehmenden Unternehmen, zusammenarbeiten und mit diesen ebenfalls entsprechende PPS-Schnittstellen konfigurieren müssen.

Ein PPS-System, das ein virtuelles KMU-Produktionsnetzwerk ganzheitlich unterstützt, müsste sämtliche Funktionen, aus denen heutige innerbetriebliche PPS-Systeme bestehen, beinhalten. Da die Implementierung und Wartung solcher ganzheitlichen Systeme komplex, zeit- und kostenintensiv ist, muss hier zumindest eine Näherung an den Idealzustand erzielt werden. In diesem Zusammenhang wird vorgeschlagen, kleinere, flexible und konfigurierbare Module zu entwickeln, die in ihrer Gesamtheit die Eigenschaften herkömmlicher betriebsinterner PPS-Systeme abbilden können.[44]

Zusammengefasst muss damit ein PPS-System, das polyzentrisch koordinierte, virtuelle KMU-Produktionsnetzwerke kleiner und mittlerer Unternehmen in optimaler unterstützt...

- den unkomplizierten Wechsel der PPS-Systemführerschaft ermöglichen,

---

[40] Vgl. Kurbel (1999), S. 353.
[41] Vgl. Lutz/Wiendahl (2003), S.691.
[42] Vgl. Sieber (2001), S. 182f.
[43] Nach Kurbel führt eine mangelnde Unterstützung durch ungeeignete PPS-Systeme u.a. zu überhöhten Beständen und verlängerten Durchlaufzeiten bei den Beteiligten des virtuellen Produktionsnetzwerks (vgl. Kurbel (1999), S. 353).
[44] Vgl. Gronau (1998), S. 27ff.

- dynamisch an sich kontinuierlich ändernde Randbedingungen angepasst werden können (hohe Adaptions- und Vernetzungsfähigkeit des PPS-Systems),
- Flexibilität bzgl. der Integration neuer Akteure bzw. des Wechsels von Netzwerkpartnern aufweisen,
- hinsichtlich des Zeit- und Kostenaufwands für die Implementierung und Wartung des Systems in einem angemessenen Verhältnis zum beabsichtigten Nutzen des Netzwerks stehen und
- aus kleinen, flexiblen und konfigurierbaren Modulen bestehen, die zusammengefasst die Eigenschaften herkömmlicher betriebsinterner PPS-Systeme abbilden.

Um diese Anforderungen überhaupt gewährleisten zu können, stellt sich zunächst die Frage, wie die Akteure einer Kooperationsplattform an ein derartiges PPS-System-Modell anzubinden sind. Eine Möglichkeit stellt das in Abbildung 5 skizzierte PPS-System, bestehend aus verschiedenen Modulen, dar. Es bildet die zentrale Instanz der Kooperationsplattform, mit der sämtliche Partner direkt verbunden sind. Die sich daraus ergebenden Potenziale werden nachfolgend als Ideal-Zustand beschrieben.

Die Unternehmen U1–U6 sind die Akteure der Kooperationsplattform. Sie sind miteinander durch das PPS-System gleichberechtigt vernetzt und haben damit zusätzlich die Möglichkeit des direkten Zugriffs auf die PPS-Module. Das Unternehmen U3 symbolisiert hier das auftragsbedingte fokale Unternehmen, wobei die Akteure U2, U4 und U5 am momentanen Wertschöpfungsprozess beteiligt sind. Das PPS-System unterstützt jedoch nicht nur das momentan existierende virtuelle KMU-Produktionsnetzwerk. Parallel dazu können sich auf der Basis des Systems auch weitere Netzwerke mit sich unterscheidenden Netzwerkkonstellationen konfigurieren und ihre zwischenbetriebliche Produktion planen und steuern. Unterschiedliche Netzwerkkonstellationen bedeutet in diesem Zusammenhang, dass sich die konfigurierenden Produktionsnetzwerke sowohl hinsichtlich beteiligter Akteure als auch dazugehöriger fokaler Unternehmen unterscheiden können.

Das Unternehmen U7 stellt hier einen zukünftigen Akteur der Kooperationsplattform dar. Durch die unkomplizierte Gestaltung der System-Schnittstellen kann eine kurzfristige Vernetzung des neuen Kooperationspartners mit dem PPS-System und so mit sämtlichen Kooperationspartnern sichergestellt werden.

Dieser Idealzustand eines PPS-Systems für polyzentrisch koordinierte, virtuelle KMU-Produktionsnetzwerke bildet die Anforderungsbasis des entwickelten „VIPRO-NET“, das als PPS-Modul in ein virtuelles KMU-Produktionsnetzwerk der Automatisierungstechnik und Luftfahrt-Zulieferindustrie implementiert wurde. Die Technologieinhalte des „VIPRO-NET“ als auch die damit verbundenen Potenziale werden nachfolgend dargestellt.

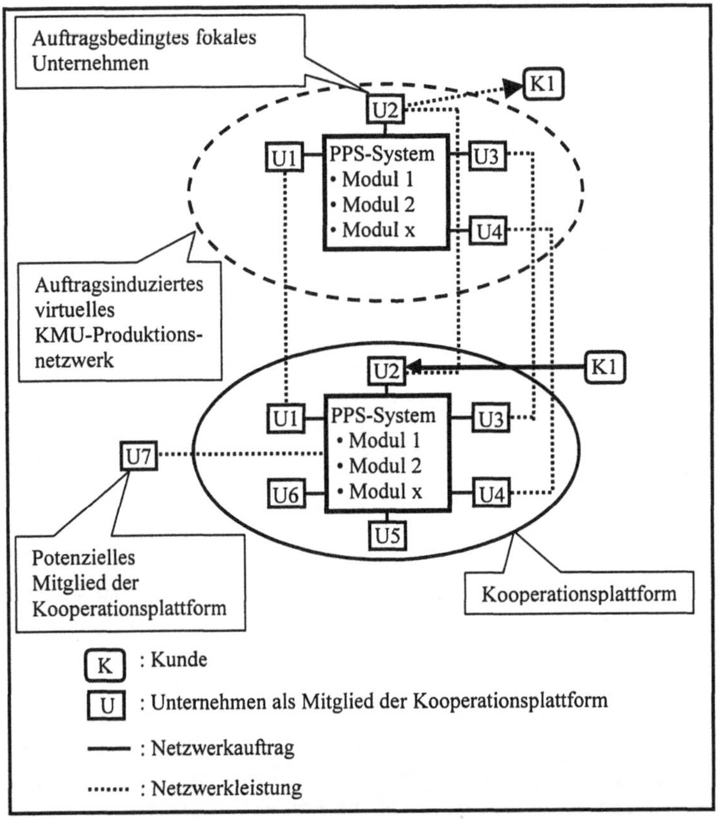


**Abb. 5: Das PPS- System als zentrale Instanz einer Kooperationsplattform**

Das Unternehmen U7 stellt hier einen zukünftigen Akteur der Kooperationsplattform dar. Durch die unkomplizierte Gestaltung der System-Schnittstellen kann eine kurzfristige Vernetzung des neuen Kooperationspartners mit dem PPS-System und so mit sämtlichen Kooperationspartnern sichergestellt werden.

Dieser Idealzustand eines PPS-Systems für polyzentrisch koordinierte, virtuelle KMU-Produktionsnetzwerke bildet die Anforderungsbasis des entwickelten „VIPRO-NET“, das als PPS-Modul in ein virtuelles KMU-Produktionsnetzwerk der Automatisierungstechnik und Luftfahrt-Zulieferindustrie implementiert wurde. Die Technologieinhalte des „VIPRO-NET“ als auch die damit verbundenen Potenziale werden nachfolgend dargestellt.

## 3.5 „VIPRO-NET“ - Eine internetbasierte Konfigurations-Plattform eines virtuellen KMU-Produktionsnetzwerks der Automatisierungstechnik und Luftfahrt-Zulieferindustrie

Im Rahmen eines Verbundprojekts des Lehrstuhls für Allgemeine Betriebswirtschaftslehre, Produktionswirtschaft und Industriebetriebslehre der Universität Bremen wurde ein virtuelles KMU-Produktionsnetzwerk am Beispiel von Unternehmen des Sondermaschinenbaus konzipiert. Eine Aufgabe bestand dabei in der Realisierung der zwischenbetrieblichen Vernetzung zur Gewährleistung einer kurzfristigen, auftragsinduzierten Konfiguration zu einem virtuellen Produktionsnetzwerk. Bei den beteiligten Kooperationspartnern handelt es sich um kleine und mittlere Unternehmen (< 30 Mitarbeiter) aus dem Bereich der Automatisierungstechnik und Luftfahrt-Zulieferindustrie. Kennzeichnend für die meisten dieser Akteure ist einerseits eine mangelnde interne Infrastruktur mit geeigneten Informations- und Kommunikationstechnologien und andererseits das Fehlen finanzieller Ressourcen zur Investition in derartige Technologien. Diese Situation, die generell kennzeichnend für viele KMU ist, stellt besondere Herausforderungen an die Entwicklung eines Systems zur Ermöglichung einer auftragsinduzierten Konfiguration. Vor diesem Hintergrund ist das PPS-System-Modul „Virtual-Production-Network (VIPRO-NET)“ entwickelt und zwischen den Kooperationspartnern implementiert worden.

Nachfolgend wird dessen I+K-Infrastruktur als auch die auftragsinduzierte Konfiguration zu einem virtuellen KMU-Produktionsnetzwerk auf der Basis dieser Technologie anhand eines ausgewählten Anwendungsbeispiels aus dem Bereich des Remanufacturing in der Luftfahrt-Zulieferindustrie dargestellt.

### 3.5.1 Die technische Infrastruktur des „VIPRO-NET“

Das in Abbildung 7 dargestellte „VIPRO-NET“ dient in seiner derzeitigen Konstellation in erster Linie der auftragsinduzierten Konfiguration zu einem virtuellen KMU-Produktionsnetzwerk. Mit der Technologie des „VIPRO-NET“ wird jedem Akteur ein umfassender Überblick über die zu einem bestimmten Zeitpunkt innerhalb der Kooperationsplattform zur Verfügung stehenden Ressourcen an Maschinen, Fachpersonal sowie vorhandenem Know-how ermöglicht. Ein potenzieller Kundenauftrag kann damit zu jedem Zeitpunkt durch jeden Kooperationspartner dahingehend überprüft werden, ob dieser im Hinblick auf das momentane Know-how der Akteure sowie der zur freien Verfügung stehenden Netzwerkkapazitäten bearbeitet werden kann.

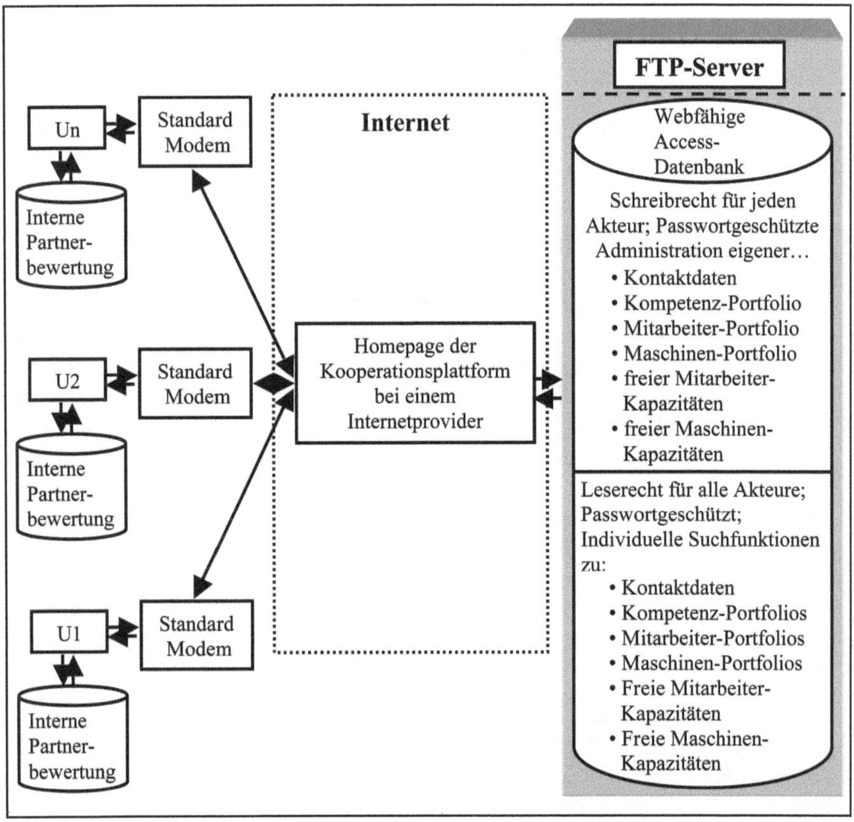


**Abb. 6: Die I+K-Infrastruktur des „VIPRO-NET"**

Wie in Abbildung 6 dargestellt, besteht das „VIPRO-NET" aus einem strukturierten FTP-Server. Den zur Funktion des „VIPRO-NET" benötigten Web-Server sowie die notwendige Software stellt ein Teilnehmer der Kooperationsplattform zur Verfügung, wobei dieser gleichzeitig die Administration des Systems übernimmt.

Auf das „VIPRO-NET" können alle Akteure (U1–Un) via Internet zugreifen, indem sie sich über ein Standard-Modem-Anschluss auf die gemeinsame Homepage bei einem Internet-Provider einwählen. Durch die Angabe eines gemeinsamen Passworts werden die Akteure mit dem „VIPRO-NET" mittels der Internet-Technologie „Virtual Private Network" verbunden. Von dort aus haben die Akteure zum einen die Möglichkeit auftragsbezogene Informationen mittels eines entsprechend strukturierten FTP-Servers untereinander auszutauschen. Dazu erhält jeder Kooperationspartner sein eigenes Passwort sowie eine auf ihn zugeschnittene FTP-Server-Struktur. So wird ein koordinierter, passwort-geschützter Datenaustausch zwischen ihm, auch als potenziell agierendes fokales Unternehmen, und seinen an einem Auftrag beteiligten Partnern gewährleistet.

Zum anderen bildet die webfähige MS-Access Datenbank das Kernstück des „VIPRO-NET". Zur Anmeldung erhält jeder Akteur wiederum sein eigenes Passwort. Er ist damit auf der einen Seite zur Eingabe seiner unternehmensinternen Daten und auf der anderen zum Einsehen ausgewählter unternehmensfremder Daten berechtigt. In die Datenbank gibt jeder Kooperationspartner neben seinen persönlichen Kontaktdaten die Kernkompetenzen seines Unternehmens ein. Zusätzlich muss die Spezialisierung bzw. die Fachausbildung seiner Mitarbeiter eingetragen werden. Die Arten der Maschinen, die im Unternehmen vorhanden sind, werden ebenfalls zur Erfassung der Stammdaten in die Datenbank integriert. Weiterhin ist jeder Akteur dazu verpflichtet, folgende Informationen regelmäßig in einem zuvor definierten Zeitintervall in der Datenbank zu hinterlegen. Zum einen die Mannstunden und der jeweils dazugehörigen Fachausbildung bzw. Spezialisierung der einzelnen Mitarbeiter sowie zum anderen die Maschinenstunden nach jeweiliger Maschinenart, die er der Kooperationsplattform während eines bestimmten Zeitraums voraussichtlich zur Verfügung stellen kann.

Mit unternehmensindividuellen Kriterien bewertet jedes Unternehmen zusätzlich die an der Kooperationsplattform teilnehmenden Partner, mit denen er bereits in vergangenen Projekten zusammengearbeitet hat. Diese Bewertung trägt jeder Akteur in eine dafür programmierte und jeweils unternehmensintern implementierte Datenbank ein.

Durch die unkomplizierte Struktur des „VIPRO-NET" ist eine kurzfristige, kostenminimale und flexible Integration neuer Akteure in die Kooperationsplattform gewährleistet. Die Mindestanforderungen bei einem neuen Mitglied bestehen dabei im Vorhandensein eines Standard-Modem-Anschlusses, mit dem er sich in das Internet einwählen kann. Das Unternehmen, das die Administration der Technologie-Plattform übernimmt, ist für die Vergabe der Passwörter und für die Einrichtung der für den neuen Akteur notwendigen FTP-Server-Struktur verantwortlich. Nach Integration der notwendigen Daten des neuen Akteurs ist dieser ein vollwertiges, integriertes Mitglied der Kooperationsplattform.

### 3.5.2 Konfiguration zu einem virtuellen KMU-Produktionsnetzwerk zum Remanufacturing mittels „VIPRO-NET"

Die auftragsinduzierte Konfiguration des virtuellen KMU-Produktionsnetzwerks der Automatisierungstechnik und Luftfahrt-Zulieferindustrie mithilfe des „VIPRO-NET" wird nachfolgend anhand der Reparatur von „Duct Segments" beispielhaft dargestellt. In diesem Zusammenhang besteht das Ziel der auftragsinduzierten Konfiguration in der zwischenbetrieblichen Kapazitätserweiterung, um bei momentan überschrittener interner Kapazitätsauslastungsgrenze die Reparatur von „Duct Segments" auf geeignete Netzwerkpartner ad-hoc auslagern zu können.

„Duct Segments" sind Bestandteil von Pratt&Whitney-Triebwerken der Klasse 4000. Sie bestehen aus einer speziellen Legierung als Grundplatte sowie einer keramischen Oberfläche. Die Segmente sind zwischen dem Turbinengehäuse und den Rotorblättern installiert. Sie dienen hier als Abschleifelemente, um so einen Minimalspalt zwischen den Enden der Rotorblätter und dem Gehäuse sicherzustellen. Dieses sorgt für einen optimalen Wirkungsgrad des Triebwerks und damit auch für einen verhältnismäßig geringen Kerosinverbrauch. Durch das Erhitzen und Abkühlen des Triebwerks während bzw. nach dem Betrieb werden die keramischen Oberflächen der „Duct Segments" aufgrund der damit verbundenen thermischen Beanspruchung langfristig beschädigt, was sich nachteilig auf den Wirkungsgrad und damit den Kerosinverbrauch auswirkt. Da die wertvolle Grundplattenlegierung dabei keine Schädigung erfährt, kann hier ein Reparaturprozess der Segmente durchgeführt werden, der nachweislich kostengünstiger als der Kauf neuer Segmente ist. Der Reparaturprozess beinhaltet das Abschleifen der beschädigten und das Auftragen einer neuen keramischen Oberfläche mittels eines speziellen Plasmasprühverfahrens auf die Grundplatte. Die Segmente können anschließend wieder in das Triebwerk eingebaut werden.

Unter Verwendung folgender Daten kann die Anzahl der monatlich zu reparierenden „Duct Segments" statistisch bestimmt werden, um so im Vorfeld eine mittel- bis langfristige Produktionsprogrammplanung durchführen zu können:

- Anzahl der monatlich verkauften Pratt&Whitney-Triebwerke,
- Anzahl derzeit weltweit operierender Pratt&Whitney-Triebwerke,
- Anzahl der „Duct Segments" in einem Triebwerk,
- Intervall der Triebwerksinspektionen,
- durchschnittliche Betriebsdauer der Triebwerke pro Tag und die

- Weibull-Verteilung, mit der die statistische Wahrscheinlichkeit der Beschädigung von „Duct Segments" im Verhältnis zur Betriebsdauer des Triebwerks dargestellt wird.

Abbildung 7 zeigt die auf der Basis der o.g. Daten prognostizierte monatliche Anzahl beschädigter und damit zu reparierender „Duct Segments" für das Zeitintervall Juni 1987 bis Dezember 2008.

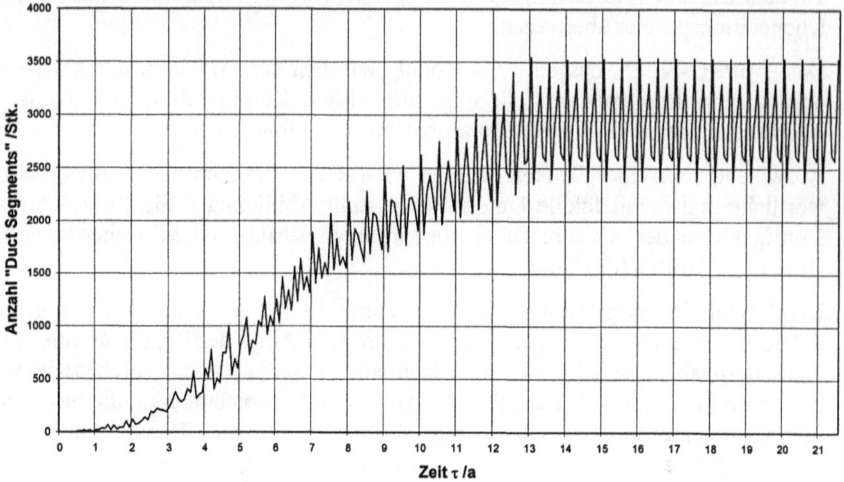


**Abb. 7: Prognostizierte Anzahl monatlich zu reparierender „Duct Segments"**

Wie hier zu ersehen ist, unterscheidet sich das quantitative Reparaturaufkommen in den einzelnen Monaten erheblich voneinander. Falls das für den Reparaturauftrag der „Duct Segments" verantwortliche Unternehmen zukünftig das Monopol für diese Reparatursparte beanspruchen möchte, steht es bei intern unzureichenden Reparaturkapazitäten im Fall eines zu hohen Reparaturaufkommens vor folgendem Entscheidungsproblem. Durch eine langfristige Kapazitätsaufstockung des Unternehmens mit personellen und maschinellen Ressourcen könnten einerseits auch die durch das hohe Reparaturaufkommen verursachten Kapazitätsspritzen jederzeit bewältigt werden. Andererseits führt diese Entscheidung jedoch zu einer höheren Fixkostenbelastung, die bei einer mangelnden Kapazitätsauslastung, verursacht durch ein geringeres Reparaturaufkommen innerhalb eines definierten Zeitraums, aus wirtschaftlicher Sichtweise mittelfristig zu einer Erfolgskrise führen könnte. Entsprechend muss hier eine dynamische Wirtschaftlichkeitsanalyse durchgeführt werden. Ergibt diese, dass durch die Aufstockung der Kapazitäten eine Erfolgskrise zu erwarten ist, besteht die Alternative darin, auf die personellen und maschinellen Ressourcen geeigneter

Akteure einer Kooperationsplattform im Fall des Überschreitens der maximalen Kapazitätsauslastungsgrenze des „fokalen Unternehmens“ zuzugreifen. Dabei könnten einerseits Teile der Reparaturaufträge der „Duct Segments“ oder andererseits Aufträge, die innerhalb des Unternehmens die selben Ressourcen wie der Reparaturprozess beanspruchen, ausgelagert werden. Da im hier vorliegenden Fall der interne Deckungsbeitrag der Reparaturaufträge bzgl. der „Duct Segments“ unter dem der übrigen internen Aufträge liegt, wird demzufolge der über der maximalen Kapazitätsauslastungsgrenze liegende Teil der Reparaturaufträge auf die Kooperationspartner übertragen.

Das „VIPRO-NET“, das als PPS-Modul zwischen den Akteuren der Kooperationsplattform implementiert ist, wird zur ad-hoc Konfiguration und damit zur Auslagerung eines Teils des Reparaturauftrags wie folgt eingesetzt:

Ausgehend von einer Broker-Anfrage an das für den Reparaturauftrag verantwortliche und damit fokale Unternehmen stellt Abbildung 8 die Phasen bis zur Konfiguration der Akteure zu einem virtuellen KMU-Produktionsnetzwerk mit Hilfe des „VIPRO-NET“ dar.

Den Beginn des Netzwerkauftrags bildet damit die Broker-Anfrage (B) an das fokale Unternehmen der Kooperationsplattform (FU) bzgl. der Reparatur einer definierten Anzahl beschädigter „Duct Segments“ innerhalb eines vorab definierten Zeitraums [1.) Anfrage]. Danach prüft das fokale Unternehmen, ob die momentan intern vorhandenen Kapazitäten genügen, um den gesamten Reparaturauftrag intern durchführen zu können. Übersteigen die notwendigen Kapazitäten die maximale interne Kapazitätsauslastungsgrenze, muss der die Grenze überschreitende Anteil des Reparaturaufkommens auf geeignete Netzwerkpartner ausgelagert werden. Dazu identifiziert das fokale Unternehmen die zur Auftragsdurchführung notwendigen Kernkompetenzen. Die zur Durchführung der Reparatur notwendigen Kapazitäten an Maschinen und Fachpersonal werden hier ebenfalls abgeschätzt. Danach erfolgt der Zugriff auf die webfähige MS-Access-Datenbank des „VIPRO-NET“ [2.) Datenbank-Abfrage/3.) Datenbank-Rückmeldung]. Mit der Datenbank-Abfrage werden die potenziellen Netzwerkpartner herausgefiltert, die neben den im Vorfeld identifizierten Kernkompetenzen zusätzlich die notwendigen freien Kapazitäten an Maschinen und Fachpersonal zur Verfügung stellen können. Das fokale Unternehmen vollzieht danach intern eine Partnerbewertung [4.) Partnerbewertung], so dass auf der Basis dieser Informationen einer bzw. mehrere potenziell geeignete Akteure für das auftragsinduzierte virtuelle KMU-Produktionsnetzwerk festgelegt sind.

Der Netzwerkkoordinator (FU) stellt jedem potenziellen Akteur eine entsprechende Anfrage, die u.a. Reparaturaufgabe, Zeitrestriktionen und Preisvorstellung beinhaltet, auf den strukturierten FTP-Server [5.) Anfrage bei ausgewählten Akteuren]. Nachdem die potenziellen Kooperationspartner ihre dazugehörigen Angebote dem fokalen Unternehmen mittels des FTP-Servers unterbreiten [6.) Angebote der ausgewählten Akteure] kann dieser, falls die Parameter der Anfragen mit denen der Angebote übereinstimmen, dem Broker das Angebot für den Gesamtauftrag zustellen [7.) Angebot]. Stimmt er dem Angebot zu, konfigurieren sich nach Abbildung 6 die Unternehmen FU, U2, U3 und Un zu einem virtuellen KMU-Produktionsnetzwerk zur Durchführung des Reparaturprozesses.

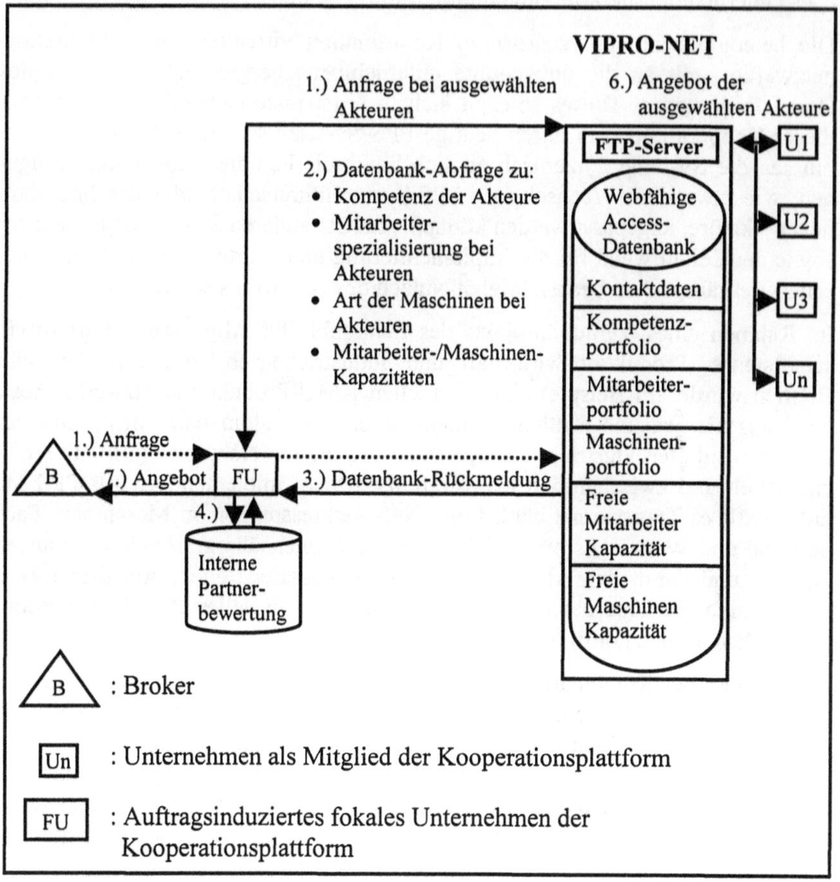


**Abb. 8: Phasen bis zur Konfiguration zu einem virtuellen KMU-Produktionsnetzwerk mittels „VIPRO-NET“**

## 3.6 Zusammenfassung und Ausblick

Virtuelle KMU-Produktionsnetzwerke stellen eine Form der zwischenbetrieblichen Kooperation dar. Auf der Basis einer Kooperationsplattform als Potenzialzustand konfigurieren sich dabei die beteiligten Akteure zum gemeinsamen auftrags- und problembezogenen Wertschöpfungsprozess. Dadurch können Kundenaufträge gemeinsam bearbeitet werden, die aufgrund interner Engpasssituationen an Maschinen und Fachpersonal sowie an mangelndem Know-how ohne ein solches Unternehmensnetzwerk nicht durchführbar wären.

Die heterarchische (polyzentrische) Koordination virtueller KMU-Produktionsnetzwerke stellt an die notwendige unternehmensübergreifende PPS komplexe Herausforderungen. Dieses spiegelt sich in einer unzureichenden Unterstützung dieser Kooperationsform durch heutige PPS-Systeme wider. Auf der einen Seite müssen die Systeme dynamisch an sich kontinuierlich ändernde Randbedingungen, wie etwa dem Wechsel der PPS-Systemführerschaft oder der Integration neuer Akteure, angepasst werden können. Auf der anderen Seite muss der Kosten- sowie der Zeitaufwand für die Implementierung und Wartung in einem angemessenen Verhältnis zum beabsichtigten Nutzen des Netzwerks stehen.

Im Rahmen eines Verbundprojekts des Lehrstuhls für Allgemeine Betriebswirtschaftslehre, Produktionswirtschaft und Industriebetriebslehre der Universität Bremen wurde am Beispiel eines virtuellen KMU-Produktionsnetzwerks, bestehend aus kleinen und mittleren Unternehmen der Automatisierungstechnik und Luftfahrt-Zulieferindustrie, das „Virtual-Production-Network (VIPRO-NET)" entwickelt und zwischen den Kooperationspartnern implementiert. Als PPS-Modul schafft es Transparenz bzgl. freier Netzwerkressourcen an Maschinen, Fachpersonal und Wissen. Es ermöglicht die unternehmensübergreifende Ressourcenplanung und damit den Abgleich interner Engpasssituationen. Auf dieser Basis können sich die Unternehmen auftragsbezogen zu virtuellen KMU-Produktionsnetzwerken ad-hoc konfigurieren.

Als Resultat der Kombination moderner Internet-Technologien bestehen die Vorteile des Moduls zum einen im geringen Investitionsaufwand bei gleichzeitiger Gewährleistung der identifizierten Anforderungen an ein solches System. Da es innerhalb der Kooperationsplattform eine zentrale Instanz einnimmt, können zum anderen mehrere potenzielle Kundenaufträge durch verschiedene fokale Unternehmen simultan geplant und der dazugehörige Informationsaustausch durchgeführt werden.

Das „VIPRO-NET" stellt aufgrund seiner Flexibilität trotz geringer Investitionsaufwendungen insgesamt ein vielversprechendes Instrument dar, das gerade kleinen und mittleren Unternehmen die Möglichkeit zur Konfiguration zu virtuellen KMU-Produktionsnetzwerken bietet.

Da es bisher lediglich Teilaspekte der PPS-Aufgabe „Fremdbezugsplanung und -steuerung“ beinhaltet, wird der zukünftige Erfolg des Konzepts „VIPRO-NET“ davon abhängen, inwiefern die Integration weiterer Kern- und Querschnittsaufgaben der PPS, bezogen auf die zwischenbetriebliche Ebene, gelingt. Hier stellen sich u.a. Fragen bzgl. einer intelligenten Aufrüstung der bestehenden Datenbank mit gemeinsamen Modulen, wie z.B. der unternehmensübergreifenden Produktionsprogramm- sowie -bedarfsplanung, des Netzwerk-Controllings als auch der Auftragskoordination.

## Literaturverzeichnis

Bellmann, K./Hippe, A. (1996): Management von Unternehmensnetzwerken: Interorganisationale Konzepte und praktische Umsetzung, Wiesbaden.

Brütsch, D. (1999): Virtuelle Unternehmen, Zürich.

Buxmann, P./König W. (2000): Zwischenbetriebliche Kooperationen auf Basis von SAP-Systemen: Perspektiven für die Logistik und das Servicemanagement, Berlin, Heidelberg.

Corsten, H./Gössinger, R. (2000): Produktionsplanung und -steuerung in virtuellen Produktionsnetzwerken, in: Kaluza B.; Blecker, T. (Hrsg.): Produktions- und Logistikmanagement in virtuellen Unternehmen und Unternehmensnetzwerken, Berlin, Heidelberg, New York, S. 249-294.

Corsten, H./Gössinger, R. (2001): Einführung in das Supply-Chain-Management, München, Wien.

Eversheim, W./Schellberg, O./Terhaag, O. (2000): Gestaltung und Betrieb von Unternehmensnetzwerken, in: Kaluza B./Blecker, T. (Hrsg.): Produktions- und Logistikmanagement in virtuellen Unternehmen und Unternehmensnetzwerken, Berlin, Heidelberg, New York, S. 35–60

Gronau, N. (1998): Anpassungsfähigkeit von PPS-Systemen an sich änderdne Organisationsstrukturen – Marktrecherche, in: PPS Management 3. Jg., 1/1998, S. 27–30.

Tuma, A./Franke, S./Haasis, H.-D. (1999): Innovation in der Produktionssteuerung, Marburg.

Holzkämper, C. (2002): Grobkonzept zur Initiierung eines Virtuellen Unternehmens am Beispiel eines Maschinenbauunternehmens, in: Haasis, H.-D. (Hrsg.): Produktion & Umwelt (P&U), 5. Jg., 1/2002, Bremen: Univ.,

Lehrstuhl für Allgemeine Betriebswirtschaftslehre, Produktionswirtschaft und Industriebetriebslehre.

Kurbel, K. (1999): Produktionsplanung- und steuerung: methodische Grundlagen von PPS-Systemen und Erweiterungen, München, Wien.

Lutz, S./Wiendahl, H.-P. (2003): Kooperationen in der Produktion, in: Zentes, J./ Swoboda, B.; Morschett, D. (Hrsg.): Kooperationen, Allianzen und Netzwerke, Wiesbaden, S. 684-704.

Meyer, H./Steven, M. (2000): Produktionsplanung- und steuerung in virtuellen Fabriken, in: PPS-Management, 5. Jg., 3/2000, S. 16-22.

Meyer, H./Steven, M. (2000): Kommunikation und Koordination in virtuellen Fabriken, in: PPS-Management, 5. Jg., 4/2000, S. 29-34.

Scheid, W. M./Nothnagel, B. (1999): Nutzen, Dauer und Kosten von PPS-Projekten in kleinen Unternehmen, in: PPS-Management, 4. Jg. 2/1999, S. 24-26.

Sieber, P. (2001): Die Internet-Unterstützung Virtueller Unternehmen, in: Sydow, J. (Hrsg.): Management von Netzwerkorganisationen, Wiesbaden, S. 179-213.

Windeler, A. (2001): Unternehmensnetzwerke: Konstitution und Strukturation, Wiesbaden.

Zink, K. J./Voß, C./Essner, C. (2002): Gründung Virtueller Unternehmen für KMU, in: Wirth, S. (Hrsg.), Vernetzt planen und produzieren, Stuttgart, S. 208-231.

Zundel, P. (1999): Management von Produktionsnetzwerken: eine Konzeption auf Basis des Netzwerk-Prinzips, Wiesbaden.

http://www.ifu-kybernetik.de/downloads/ifutel15.pdf, 03.02.2006

# 4 Innovation im Supply Chain Design

*Oliver Möllenstädt*[1]

Das übergeordnete Ziel des Supply Chain Managements stellt das Ziel der Ausrichtung sämtlicher Wertschöpfungsaktivitäten entlang einer Lieferkette am Endkunden dar. Insofern müssen neben Effizienzüberlegungen auch die konkreten Anforderungen, die Endkunden an die Belieferung stellen, bei der Gestaltung unternehmensübergreifender Lieferketten berücksichtigt werden. Im vorliegenden Beitrag werden bestehende Ansätze zum Supply Chain Design untersucht. Diese berücksichtigen die Anforderungen der Endkunden allenfalls indirekt. Darauf aufbauend wird diskutiert, wie spezifischere Handlungsempfehlungen für die Gestaltung unternehmensübergreifender Lieferketten und eine stärkere Berücksichtigung der Anforderungen der Endkunden in den qualitativen Analysemodellen erreicht werden können.

## 4.1 Supply Chain Management und Supply Chain Design

Im Laufe der vergangenen Jahrzehnte wuchs in Europa das Angebot an Waren und Dienstleistungen, aus denen Endkunden auswählen können, beständig an. Der Verkäufermarkt der Nachkriegsjahre wandelte sich zu einem Käufermarkt, auf dem Kunden zunehmend höhere und spezifischere Anforderungen an die Unternehmen stellen.[2] Gleichzeitig wächst im Zuge der Globalisierung der Märkte der Wettbewerbsdruck auf die Unternehmen.[3] Die Logistik weist aus wettbewerbsstrategischer Sicht in zwei Richtungen Nutzenpotentiale auf: Einerseits bietet die Logistik weiterhin Kostensenkungspotentiale andererseits aber auch erhebliche Steigerungspotentiale für den Kundennutzen.[4]

Die sich hieraus ergebenden Herausforderungen können Unternehmen nur dann erfolgreich bewältigen, wenn alle in einen Wertschöpfungsprozess involvierten Partner, vom Rohstofflieferanten bis zum Handel, gemeinsam darauf hinarbeiten, die Anforderungen der Endkunden zu befriedigen. Diese Partner stehen in der Regel in einer Lieferantenbeziehungen zueinander. Vor diesem Hintergrund hat sich in den vergangenen Jahren das Management von Produktionsverbundsystemen bzw. Lieferantenketten als Konzept in Forschung und Praxis etabliert. Wohl auf-

---

[1] Dipl.-Wi.-Ing. Oliver Möllenstädt, Institut für Seeverkehrswirtschaft und Logistik, Bremen.

[2] Vgl. Christopher (1998), S. 28.

[3] Vgl. Christopher (1998), S. 26.

[4] Vgl. Schulte (1999), S. 21.

grund der Anschaulichkeit der Ketten-Analogie wird in diesem Zusammenhang meistens von Supply Chain Management gesprochen. Das übergeordnete Ziel des Supply Chain Managements stellt das Ziel der Ausrichtung sämtlicher Wertschöpfungsaktivitäten entlang einer Lieferkette an den Anforderungen der Endkunden dar.[5]

Im Zusammenhang mit dem Supply Chain Management wurden in den ersten Jahren vielfältige Handlungsempfehlungen für Unternehmen erarbeitet, die in Lieferantenketten eingebunden sind. Diese umfassen beispielsweise Aspekte der Steuerung von Lieferantenketten aus Sicht eines belieferten Unternehmens. In diese Kategorie fallen Handlungsempfehlungen, die das Management kooperativer Beziehungen zwischen den Wertschöpfungspartnern und Aspekte des Informationsmanagements betreffen.[6] Darüber hinaus werden aber auch Fragen der strategischen Planung und Gestaltung von Lieferantenketten, dem sogenannten Supply Chain Design, diskutiert.[7]

## 4.2 Untersuchung theoretischer Ansätze des Supply Chain Designs

### 4.2.1 Untersuchungsleitende Fragestellung

Berücksichtigt man den Stellenwert, der den Anforderungen des Endkunden im Konzept des Supply Chain Managements eingeräumt wird, so müssten, neben sicherlich berechtigten Effizienzüberlegungen, auch die konkreten Anforderungen, die Endkunden an die Belieferung stellen, bei der Gestaltung unternehmensübergreifender Lieferketten berücksichtigt werden. Im folgenden sollen aktuelle theoretische Ansätze des Supply Chain Designs dahingehend untersucht werden, inwiefern sie dieses tatsächlich leisten.

### 4.2.2 Der Ansatz von Fine

Fine entwickelt eine Typologie des Supply Chain Designs, die sich insbesondere an der Beschaffungsfunktion orientiert.[8] Auf der Basis seiner eigenen Forschung sowie der Arbeiten von Ulrich/Eppinger[9] über die Prinzipien modularer und integraler Produktarchitekturen arbeitet Fine den Zusammenhang zwischen Produkt- und Supply Chain Architekturen heraus (vgl. Tabelle 10).

---

[5] Vgl. Kuhn/Hellingrath (2002), S. 10; Beckmann (1998), S. 24; Ellram (1991), S. 17.

[6] Vgl. Frigo-Mosca (1998).

[7] Vgl. Fisher (1997); Christopher (2000); Fine (2001); Appelqvist (2003); Gabriel (2003).

[8] Vgl. Fine (2001).

[9] Vgl. Ulrich/Eppinger (1995).

**Tab. 10: Eigenschaften integraler und modularer Produkte, Quelle: Eigene Darstellung in Anlehnung an Fine 2001**

| Integrale Produkte | Modulare Produkte |
|---|---|
| • Komponenten sind eng gekoppelt<br>• Komponenten erfüllen mehrere Funktionen<br>• Komponenten sind in starker Nähe oder enger räumlicher Beziehung<br>• Komponenten sind eng synchronisiert | • Komponenten sind lose gekoppelt<br>• Komponenten sind auswechselbar<br>• Komponenten sind einzeln optimierbar (verbesserungsfähig)<br>• Komponenten haben standardisierte Schnittstellen |

Hierbei steht die Frage im Mittelpunkt, wie Produkt- und Supply Chain Design aufeinander abgestimmt werden müssen. Dabei kann die Supply Chain analog zum Produkt integral oder modular aufgebaut sein. Dementsprechend ist die Kompetenzverteilung innerhalb der Supply Chain vorzunehmen. Fine diskutiert des weiteren auch Auswirkungen auf Make-or-Buy-Entscheidungen und das Lieferantenmanagement. Als grundsätzlich entscheidend für den Wettbewerbs sieht Fine den Fit zwischen dem Produkt und dem Design der Supply Chain an:

- Integrale Supply Chains sind geeignet für integrale Produkte und durch eine enge Beziehung zwischen den einzelnen Elementen gekennzeichnet.
- Modulare Supply Chains sind demgegenüber geeignet für modulare Produkte und zeichnen sich durch eher lockere Beziehungen zwischen den Elementen aus.

**Tab. 11: Eigenschaften integraler und modularer Supply Chains, Quelle: Eigene Darstellung in Anlehnung an Fine 2001**

| Integrale Supply Chains | Modulare Supply Chains |
|---|---|
| • Eng gekoppelte Elemente<br>• Elemente nicht austauschbar<br>• Starke geographische Nähe<br>• Gemeinsame Verantwortung<br>• Eng synchronisierte Prozesse<br>• Ähnliche Kulturen<br>• Abgestimmte Informationssysteme | • Lose gekoppelte Elemente<br>• Elemente austauschbar<br>• Geringe geographische Nähe<br>• Autonome Verantwortung<br>• Kaum synchronisierte Prozesse<br>• Unterschiedliche Kulturen<br>• Unabgestimmte Informationssysteme |

### 4.2.3 Der Ansatz von Christopher

Christopher entwickelt einen Ansatz für das Supply Chain Design, der sich überwiegend an der Produktionsfunktion orientiert.[10] Der Ansatz steht in enger Beziehung zu dem bereits etwas älteren Lean-Ansatz.[11] Ziel des aus Erfahrungen aus dem Toyota-Produktionssystem basierenden Lean-Ansatzes ist insbesondere die Eliminierung von Verschwendung in der Produktion. Christopher differenziert zwischen „Lean Supply Chains“ und „Agile Supply Chains“. Nach seiner Auffassung sind Lean Supply Chains bei stabilem Nachfrageverlauf geeignet, während bei volatilem Nachfrageverlauf die Supply Chain nach dem Muster der agilen Supply Chain gestaltet werden sollte. Agile Supply Chains richten den Fokus eher auf die Sicherung einer hohen Produktionsflexibilität. Die Zielsetzung agiler Produktionskonzepte besteht darin, durch gezielte Maßnahmen der Verkürzung von Rüst- und Umstellzeiten größere Freiheitsgrade sowohl hinsichtlich der Produktionsmenge als auch der hergestellten Produktvarianten zu erreichen. Christopher stellt die Ansätze der Lean Production und der Agile Production einander gegenüber und leitet Schlussfolgerungen für die Gestaltung der Supply Chain ab.

**Tab. 12: Gegenüberstellung von Lean Supply Chains und Agile Supply Chains, Quelle: Eigene Darstellung in Anlehnung an Christopher 2000**

| Lean Supply Chain | Agile Supply Chain |
|---|---|
| • Lagerfertigung | • Auftragsfertigung |
| • Lager zentral managen | • Quick Response |
| • Grundauslastung sichern | • Continuous Replenishment nutzen |
| • Losgrößen optimieren | • Belastungsspitzen abfangen |
| • Größenvorteile maximieren | • Varianten spät konfigurieren |

Lean Supply Chains sollen nach Christopher dann implementiert werden, wenn die Nachfrageschwankungen berechenbar sind. In diesem Fall kann mit Hilfe von Lean Supply Chains Verschwendung in der Produktion vermieden und eine Feinoptimierung der Produktion vorgenommen werden. Agile Supply Chains eignen sich demgegenüber eher für die Bedienung einer in quantitativer und qualitativer Hinsicht für das Unternehmen unvorhersehbaren Weise wechselnden Kundennachfrage. Die Produktion kann flexibel auf die wechselnden Merkmale der Nachfrage reagieren.

---

[10] Vgl. Christopher (2000).

[11] Vgl. Pfeiffer/Weiß (1994); Womack/Jones (1990).

### 4.2.4 Der Ansatz von Fisher

Fisher entwickelt eine Systematik zur Auswahl geeigneter Supply Chain-Designs in Abhängigkeit von dem gelieferten Endprodukt. Er klassifiziert Produkte in funktionelle und innovative Produkte. Funktionelle Produkte wie beispielsweise Dosensuppen befriedigen Grundbedürfnisse und werden in einer großen Zahl von Verkaufsstellen abgesetzt. Darüber hinaus werden funktionelle Produkte durch stabile und voraussagbare Nachfrageverläufe, lange Produktlebenszyklen und verhältnismäßig geringe Gewinnspannen charakterisiert. Innovative Produkte wie Modebekleidung stellen eine Option zur Durchsetzung höherer Gewinnmargen dar, da Produkte nicht unmittelbar mit denen anderer Hersteller verglichen werden können. Die Nachfrageverläufe innovativer Produkte sind unregelmäßig und nicht voraussagbar.

**Tab. 13: Abgrenzung funktioneller und innovativer Produkte, Quelle: Fisher 1997**

| | **Funktionelle Produkte** (Sicher voraussagbare Nachfrage) | **Innovative Produkte** (Nachfrage nicht sicher voraussagbar) |
|---|---|---|
| Produktlebenszyklus | Mehr als 2 Jahre | 3 Monate bis 1 Jahr |
| Deckungsbeitrag | 5 bis 20 Prozent | 20 bis 60 Prozent |
| Variantenvielfalt | gering (10 bis 20 Produktvarianten) | hoch (bis zu mehrere Millionen denkbarer Varianten) |
| Prognoseungenauigkeit zum Zeitpunkt des Produktionsbeginns | 10 Prozent | 40 bis 100 Prozent |
| Anteil der Aufträge, die nicht aus dem Lagerbestand bedient werden können | 1 bis 2 Prozent | 10 bis 40 Prozent |
| Durchschnittlicher Preisabschlag am Ende der Saison | keiner | 10 bis 25 Prozent |
| Durchlaufzeit für Made-to-Order Produkte | 6 Monate bis 1 Jahr | 1 Tag bis 2 Wochen |

Fisher empfiehlt, Supply Chains für funktionelle Produkte als sogenannte effiziente Supply Chains auszugestalten. Die Strategie effizienter Supply Chains stellt die Minimierung der anfallenden Kosten in den Vordergrund. Für die Distribution innovativer Produkte ist es erforderlich, kurze Antwortzeiten auf unvorhersehbare Nachfrage in der Supply Chain sicherzustellen und Fehlmengen sowie überflüssige Bestände zu vermeiden. Hierzu grenzt Fisher den Typ sogenannter „responsiver" Supply Chains ab.

**Tab. 14: Gestaltungsempfehlungen für effiziente und responsive Supply Chains**

| Effiziente Supply Chains | Reaktionsfähige Supply Chains |
|---|---|
| • Berechenbare Nachfrage effizient versorgen<br>• Hohe Kapazitätsauslastung sichern<br>• Lager minimieren und Umschlag erhöhen<br>• Durchlaufzeit moderat verkürzen<br>• Lieferanten nach Kosten und Qualität auswählen<br>• Produktleistung maximieren und Kosten minimieren | • Unberechenbare Nachfrage reaktionsschnell erfüllen<br>• Kapazitätspuffer aufbauen<br>• Sicherheitsbestände und Lagerpuffer erhöhen<br>• Durchlaufzeit massiv senken<br>• Lieferanten nach Schnelligkeit und Flexibilität auswählen<br>• Produktvielfalt durch Postponement und Modularisierung beherrschen |

Fishers Bezugsrahmen stellt den Ausgangspunkt für das Supply Chain Design in Abhängigkeit unterschiedlicher Produktmerkmale dar. Der Bezugsrahmen wird üblicherweise in Form einer Matrix dargestellt, die dem Produkt die richtige Supply Chain Strategie in einer Eins-zu-Eins-Relation zuordnet. Fallsituationen, die nicht zugeordnet werden können, identifizieren Inkompatibilitäten zwischen Produkt und Supply Chain- Strategie (vgl. Abbildung 9).

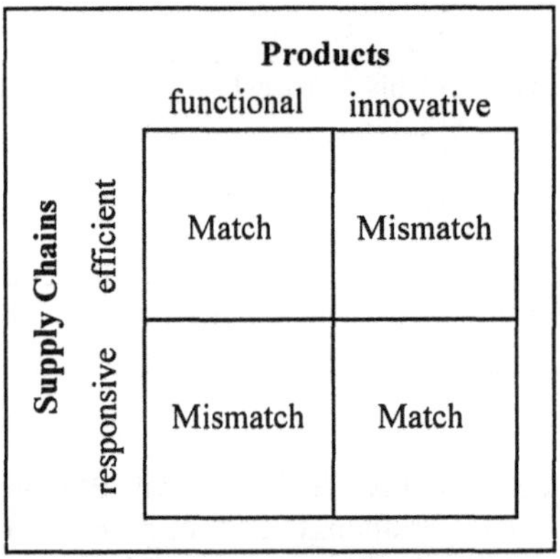


**Abb. 9: Zusammenhang zwischen Produkt- und Supply Chain-Typen**

## 4.3 Weiterentwicklungen bestehender theoretischer Ansätze

Bisherige Ansätze des Supply Chain Designs berücksichtigen die Anforderungen der Endkunden allenfalls indirekt. Fine blendet den Aspekt der Nachfrage vollständig aus und sieht im Wesentlichen den Produktaufbau selbst als Determinante des Supply Chain Designs an. Christopher berücksichtigt in seinem Konzept den Nachfrageverlauf. Fisher berücksichtigt in seinem Ansatz sowohl Aspekte der Nachfrage als auch Produktattribute als Determinanten des Supply Chain Designs. Insofern scheint der Ansatz von Fisher am ehesten geeignet zu sein, um eine Gestaltung der Supply Chain entsprechend der Anforderungen des Endkunden zur gewährleisten. Allerdings weist auch dieser Ansatz durchaus erhebliche Schwachstellen auf, die Gegenstand der wissenschaftlichen Diskussion sind.

Eine offensichtliche Schwachstelle des Bezugsrahmen von Fisher ist, dass lediglich zwei abgeschlossene Fallsituationen reflektiert werden. Von den beiden eindeutigen Fallsituationen abweichende Nachfrageverläufe werden nicht in den Bezugsrahmen eingeordnet. Beispielsweise haben funktionelle Produkte entsprechend dem Bezugsrahmen von Fisher eine Prognoseunsicherheit von 10 Prozent und einen Produktlebenszyklus von mehr als zwei Jahren. Die entsprechenden Zahlen für innovative Produkte betragen 40-100 Prozent bzw. 3-12 Monate. Allerdings existieren auch Produkte mit Prognoseungenauigkeiten zwischen 10 und 40 Prozent und einem Produktlebenszyklus von 12-24 Monaten.

In der wissenschaftlichen Diskussion über Fishers Ansatz wird deutlich, dass offenbar Defizite bei der Modellierung der Entscheidungssituation bestehen. Sowohl hinsichtlich der Supply Chain-Dimension als auch hinsichtlich der Produktdimension ist eine stärkere Differenzierung der Entscheidungskriterien erforderlich. Selldin/Olhager überprüfen Fishers Bezugsrahmen im Rahmen einer Untersuchung von 128 schwedischen Produktionsunternehmen.[12] Hierbei weisen sie die vermutete Kompatibilität von funktionellen Produkten und effizienten Supply Chains, die Kompatibilität von innovativen Produkten und responsiven Supply Chains und die Inkompatibilität zwischen innovativen Produkten und effizienten Supply Chains nach. Die von Fisher vermutete Inkompatibilität zwischen funktionalen Produkten mit innovativen Supply Chains konnte demgegenüber nicht nachgewiesen werden. Lethonen stellt ebenfalls fest, dass spezifische funktionelle Produkte, wie z.B. Spezialpapiere responsive Supply Chains erfordern.[13]

Entsprechend dem Ansatz von Fisher sollten Manager insbesondere drei Indikatoren beachten, die bestimmen, ob ihr Produkt funktional oder innovativ ist: Nachfrageunsicherheit, Gewinnspannen und die Länge des Lebenszyklus. Li/O'Brien

---

[12] Vgl. Selldin/Olhager (2002).

[13] Vgl. Lethonen (1999)

weisen darauf hin, dass die Gewinnspanne keine geeignete Entscheidungsvariable darstellt, da sie vielmehr das Resultat derselben Entscheidung vorwegnimmt.[14] Eine geringe Gewinnspanne kann sowohl ein Hinweis auf ein funktionelles Produkt als auch auf eine Inkompatibilität von Produkt und Supply Chain sein. Li/O'Brien verwenden in ihrem quantitativen Modell daher den Value Added an Stelle der Gewinnspanne. Ihre Untersuchungsergebnisse stützen das Modell von Fisher insofern, als dass sie die Eignung responsiver Supply Chains für Produkte mit starken Nachfrageschwankungen und einem hohen Wertschöpfungsanteil nachweisen. In allen anderen Fällen sind effiziente Supply Chains responsiven Supply Chains überlegen. Die Ergebnisse von Li/O'Brien lassen darüber hinaus den Schluss zu, dass sich responsive Supply Chains für Produkte mit volatilem Nachfrageverlauf und geringer Gewinnspanne sowie für Produkte mit stabilem Nachfrageverlauf und hoher Gewinnspanne eignen. Allerdings liegt der Untersuchung ein verhältnismäßig einfaches Modell zugrunde. Eine tatsächliche Überprüfung von Fishers Bezugsrahmen wird zudem erschwert, weil die der Untersuchung zugrundeliegenden Definitionen effizienter bzw. responsiver Supply Chains nicht denen Fishers entsprechen.

Auch Childerhouse/Towill sehen die Strategie einer effizienten Supply Chain als kompatibel zu funktionellen Produkten an.[15] Für innovative Produkte schlagen sie jedoch so genannte „leagile" Supply Chains vor. Eine leagile Supply Chain besteht aus zwei voneinander getrennten Abschnitten mit einem Bestandspuffer am Kundenauftragsenkopplungpunkt. Die Supply Chain vom Kunden zum Kundenauftragsentkopplungspunkt ist starken Nachfrageschwankungen unterworfen. Daher sollte dieser Abschnitt der Supply Chain agil sein. Hinter dem Kundenauftragsentkopplungspunkt sollte die Supply Chain „lean" sein und den Bestandspuffer zu geringsten Kosten versorgen. Die Definition von Childerhouse und Towill für lean bzw. agil sind den Definitionen Fishers effizienter bzw. responsiver Supply Chains sehr ähnlich.

Lee erweitert Fishers Framework, welches lediglich Nachfrageunsicherheiten berücksichtigt, um Unsicherheiten auf der Zuliefererseite.[16] Lee entwickelt zwei weitere Supply Chain-Strategien. Das sogenannte „Risk-Hedging" für Situationen, in denen die Nachfrage sicher aber die Liefermöglichkeiten begrenzt sind (z.B. Strom aus Wasserkraft) und die agile Strategie, die dann eingesetzt wird, wenn Unsicherheiten sowohl hinsichtlich der Kundennachfrage als auch hinsichtlich der Liefermöglichkeiten bestehen (z.B. Telekommunikation).

---

[14] Vgl. Li/O'Brian (2001).

[15] Vgl. Childerhouse/Towill (2000).

[16] Vgl. Lee (2002).

Zusammenfassend kann festgestellt werden, dass eine Mehrzahl der Autoren eine weitere Präzisierung der Aussagen bezüglich der Identifikation des Produkttyps als auch der Bestimmung des geeigneten Supply Chain Designs anstreben.

Insbesondere fällt bei der Analyse der Gestaltung realer Supply Chains auf, dass die Charakteristika des Produktes nur einen Teil der Gestaltungskriterien von Supply Chains zu erklären vermögen. Darüber hinaus sollte der der Kaufentscheidung vorgelagerte Entscheidungsprozess des Kunden bei der Gestaltung insbesondere der Distributionskette Berücksichtigung finden.

In einer Arbeit jüngeren Datums versucht Gabriel eine Integration der unterschiedlichen skizzierten Ansätze zum Supply Chain Design in einen konsistenten Bezugsrahmen.[17] Zu diesem Zweck grenzt Gabriel vier Typen von Supply Chains voneinander ab und analysiert einerseits die strategischen Vorgaben von Markt und Kunden sowie andererseits die strategischen Vorgaben, die sich aus dem Produkt und der Technologie ergeben. Aus diesen Analyseschritten leitet Gabriel Konsequenzen für Beschaffung, Produktion, Distribution und Planung der beteiligten Unternehmen ab.

Da Fishers Klassifikation lediglich für zwei spezifische Fälle Aussagen trifft, überrascht es nicht, dass die Gestaltung realer Supply Chains betreffende Entscheidungssituationen oftmals nicht eindeutig in die vorgeschlagenen Kategorien eingeordnet werden können. Dennoch bietet die Klassifikation eine Reihe sinnvoller Gestaltungsvorschläge für mehrere relevante Eigenschaften von Supply Chains. Der Hauptvorteil von Fishers Bezugsrahmen besteht im normativen Charakter seiner Aussagen und in dem hohen Anwendungsbezug. Nachfragevolatilität, Gewinnspanne und die Länge des Lebenszyklus stellen überdies relativ gut messbare Eingangsgrößen dar. Eine wesentliche Schwachstelle besteht jedoch darin, dass eine eindeutige Zuordnung eines Produktes zu einer der Kategorien „funktional" oder „innovativ" nicht immer eindeutig gelingt. Es werden zusätzliche Instrumente benötigt, die eine Bestimmung des geeigneten Supply Chain Typs auch für diese Produkte gestatten. Die richtige Wahl ist dabei nicht notwendiger Weise ein Kompromiss zwischen funktionaler und innovativer Supply Chain.

Appelqvist sieht einen geeigneten Ansatz für die Entwicklung eines solchen Werkzeugs im Bezugsrahmen von Hill, der der Theorie zur Produktionsstrategie entstammt.[18]

Nach Hill ist die Entwicklung einer geeigneten Produktionsstrategie abhängig von den vom Kunden als wesentlich empfundenen Attributen der Leistung.[19] Hill

---

[17] Vgl. Gabriel (2003).

[18] Vgl. Appelqvist (2003); Hill (2000).

unterscheidet sog. Order Winners von sog. Order Qualifiers. Order Winners stellen Attribute dar, durch die sich das Angebot von anderen unterscheidet. Bei Order Qualifiers handelt es sich demgegenüber um Minimalanforderung an ein Attribut, durch das das Angebot vom Kunden überhaupt für eine Kaufentscheidung in Erwägung gezogen wird. Für eindeutig funktionale bzw. innovative Produkte führt der Framework von Hill zu denselben Aussagen wie der von Fisher. Darüber hinaus erscheinen Hills Ansatz der Order Qualifiers und Order Winners geeignet, um geeignete Supply Chain-Designs für weitere Produkte zu bestimmen.

## 4.4 Zusammenfassung

Das übergeordnete Ziel des Supply Chain Managements stellt das Ziel der Ausrichtung sämtlicher Wertschöpfungsaktivitäten entlang einer Lieferkette am Endkunden dar. Insofern müssen neben Effizienzüberlegungen auch die konkreten Anforderungen, die Endkunden an die Belieferung stellen, bei der Gestaltung unternehmensübergreifender Lieferketten, dem sogenannten Supply Chain Design berücksichtigt werden. Im vorliegenden Beitrag werden bestehende Ansätze zum Supply Chain Design untersucht. Diese berücksichtigen die Anforderungen der Endkunden allenfalls indirekt. Darauf aufbauend wird diskutiert, wie spezifischere Handlungsempfehlungen für die Gestaltung unternehmensübergreifender Lieferketten und eine stärkere Berücksichtigung der Anforderungen der Endkunden in den qualitativen Analysemodellen erreicht werden kann.

## Literaturverzeichnis

Appelqvist, P. (2003): Order Winners, Order Qualifiers and Supply Chain Strategies – A Comparison, in: Seuring, S., Müller, M., Goldbach, M., Schneidewind, U.: Strategy and Organization in Supply Chains. Heidelberg, S. 197-210.

Beckmann, H. (1998): Integrale Logistik als Wachstumskonzept – Supply Chain Management – Strategien der Kooperation, in: Hossner, R. (Hrsg.): Jahrbuch Logistik 1998, Düsseldorf, S. 23-29.

Childerhouse, P./Towill, D. (2000): Engineering Supply Chains to Match Customer Requirements. In: Logistics Information Management, Jg. 13, 6/2000, S. 337-346.

---

[19] Vgl. Hill (2000), S. 53 ff.

Christopher, M. (1998): Logistics and Supply Chain Management. Strategies for Reducing Cost and Improving Service. 2. Aufl., Harlow.

Christopher, M. (2000): The agile supply chain: Competing in volatile markets. In: Industrial Marketing Management, Jg. 29, 1/2000, S. 37-44.

Ellram, L. (1991): Supply Chain Management – the industrial organization perspective. In: International Journal of Physical Distribution and Logistics Management, Jg. 21, 1/1991, S. 13-22.

Fine, C. (2001): Clockspeed. Wie Unternehmen schnell auf Marktveränderungen reagieren können. Hamburg.

Fisher, M. (1997): What is the Right Supply Chain for Your Product? In: Harvard Business Review, Jg. 75, 2/1997, S. 105-116.

Frigo-Mosca, F. (1998): Referenzmodelle für Supply Chain Management nach den Prinzipien der zwischenbetrieblichen Kooperation, Zürich.

Gabriel, C. (2003): Strategisches Supply Chain Design, Bamberg.

Hill, T. (2000): Manufacturing Strategy – Text and Cases. 2. Aufl., London.

Kuhn, A./Hellingrath, B. (2002): Supply Chain Management – Optimierte Zusammenarbeit in der Wertschöpfungskette, Berlin et al.

Lee, H. L. (2002): Aligning Supply Chain Strategies with Product Uncertainties, in: California Management Review, Jg. 44, 6/2002, S. 105-110.

Lethonen, J.-M. (1999): Supply Chain Management in Process Industry. Doctoral thesis. Department of Industrial Engineering and Management, Helsinki University of Technology.

Li, D./O'Brien, C. (2001): A Quantitative Analysis of Relationships between Product Types and Supply Chain Strategies, in: International Journal of Production Economics, Jg. 73, 1/2001, S. 29-39.

Pfeiffer, W./Weiß, E. (1994): Lean Management, Berlin.

Schulte, C. (1999): Logistik. 3. Aufl., München.

Selldin, E./Olhager, J. (2002): Testing the Fit between Products and Supply Chains, in: Christiansen, J.K./Boer, H. (Hrsg.): Operations Management and the New Economy. Proceedings of the 9th International Conference European Operations Management Association, Copenhagen, S. 1305-1314.

Ulrich, K. T./Eppinger, S. D. (1995): Product Design and Development, New York.

Womack, J./Jones, D. (1990): The Machine that changed the World : The Story of Lean Production, New York.

# 5 In-Novation und Systemerhalt in der Logistik

*Sabine Bruns-Vietor*[1]

## 5.1 Einleitung

Forderungen nach Innovationen, nach neuen Produkten und neuen Produktionsverfahren, nach neuen Organisationsformen und neuen Wettbewerbsstrategien sind derzeit allgegenwärtig, so auch in der Logistik. Zu Grunde liegt diesen Forderungen die Vorstellung, dass Innovationen einen Beitrag zur Erhaltung jeweils betrachteter Systeme, wie z.B. Unternehmen, das Verkehrs- oder das Wirtschaftssystem, zu leisten vermögen. Insbesondere in Krisenzeiten, in denen der Fortbestand von Unternehmenssystemen gefährdet ist, erscheinen Innovationen als Möglichkeit, ihre Existenz zu sichern.

Nicht immer wird die Vorstellung eines Kausalmechanismusses zwischen Innovation als Ursache für einen bewirkten Erhalt eines logistischen Systems jedoch bestätigt. Dies ist etwa bei Vorliegen technischer Innovationen der Fall, die nicht zur Anwendung kommen und ihre systemerhaltende Wirkung somit nicht zur Entfaltung bringen. Ebenso kann die Realisation neuartiger Organisationsformen, wie etwa der Zusammenschluss in einem Unternehmensnetzwerk, in die Auflösung der involvierten Unternehmen münden, obwohl alle Prognosen auf die Erschließung von Rationalisierungspotenziale wiesen. Innovationen sind demnach als risikobehaftet zu bewerten,[2] so dass sich die Annahme eines Kausalmechanismusses zwischen Innovation und Systemerhalt nicht aufrechterhalten lässt. Etwas zugespitzt lässt sich die These aufstellen, Innovationen sei gar eine systemgefährdende Wirkung zuzuschreiben. Damit liegt eine Umkehrung des Verhältnisses zwischen Innovationen und Systembestand vor, das ebenfalls der Annahme von Kausalität folgt, aber eine konservative Haltung vertritt und die Basis für eine Argumentation liefert, an Bewährtem festzuhalten. Aber auch gegen den Konservatismus sind Einwände vorbringbar, die eine Kausalität zwischen Konservation und Systemerhalt widerlegen können.

Wenn weder zwischen Innovation und Systemerhalt, noch zwischen Konservation und Systemerhalt ein kausaler Zusammenhang besteht, so stellt sich die Frage, welche andere Art des Zusammenhangs zwischen diesen beiden Polen – Innovation und Konservation – und dem Bestand eines Systems über die Zeit angenommen werden kann. Nach einer anderen Art des Zusammenhangs lässt sich jeden-

---

[1] Dr. Sabine Bruns-Vietor, Hude.

[2] Vgl. de Pay (1995), S. 38.

falls dann fragen, wenn man davon ausgehen will, dass da überhaupt ein Zusammenhang besteht. Diese Frage bildet den Ausgangspunkt für die hier vorgenommene Untersuchung aus einer systemtheoretischen Perspektive, die sich speziell auf logistische Systeme richtet.

## 5.2 In-Novation und Re-Novation

Um beschreiben zu können, wann logistische Systeme als innovativ gelten, ist zunächst der Innovationsbegriff zu konkretisieren. In der Betriebswirtschaftslehre wird der Innovationsbegriff aus verschiedenen Perspektiven und Theorieansätzen heraus diskutiert, die zum Teil sehr unterschiedliche Definitionen von Innovation liefern und sich oftmals auf die Untersuchung von Möglichkeiten konzentrieren, die Innovationsfähigkeit von Organisationen zu stärken.[3] Gemeinsam ist den verschiedenen Definitionen, Innovationen als Neuheiten oder als Neuerungen zu kennzeichnen. Als Innovation kann demnach grundsätzlich etwas betrachtet werden, dem der Aspekt des Neuen anhaftet oder zugeschrieben wird.

Im Allgemeinen werden Innovationen drei verschiedenen Ebenen einer Unternehmensorganisation zugeordnet:[4]

- Änderungen des Produktes, das den (oder auch nur einen) Unternehmenszweck darstellt;
- Änderung der Mittel, die ein Unternehmen einsetzt, um sein(e) Produkt(e) zu produzieren;
- Änderung der Kombination der Produktionsfaktoren, d.h. Änderung des oder der Produktionsverfahren.

Die Änderungen auf diesen drei Ebenen einer Unternehmensorganisation müssen dabei von etwas Neuem gekennzeichnet sein, um als Innovationen gelten zu können, da als Innovation nur das mit dem Merkmal des Neuen Versehene betrachtet wird.

Aus der Bestimmung von Innovationen als etwas Neues ergibt sich eine Überlegung im Hinblick auf die sprachliche Verwendung des Begriffs der »Innovation«. Wenn die Erkenntnis von Innovationen vor allem an die Wahrnehmung von Neuem gebunden ist, stellt sich die Frage, warum überhaupt der Begriff der In-Novation gebräuchlich ist und nicht lediglich von »Novationen« gesprochen wird. Der Begriff der Novation kann, der lateinischen Ursprungsbedeutung folgend, als hinreichend betrachtet werden, um den Aspekt des Neuen zu beschreiben. Welche

---

[3] Vgl. de Pay (1995), S. 11ff, die eine Übersicht verschiedener Innovationsverständnisse gibt.
[4] Vgl. Gabler (1988), Sp. 2562ff.

Bedeutung der vorangestellten Präposition „in“ beizumessen ist, ist im weiteren Verlauf dieser Ausführungen zu präzisieren.

Wenn die Tatsache der Änderung allein nicht genügt, damit die Änderung als Novation betrachtet wird, ergibt sich die Schwierigkeit, feststellen zu müssen, was als neu gilt und was nicht. Als schwierig erweist sich dieses Unterfangen deshalb, weil man auf verschiedene subjektive Sichten stößt: was dem einen als neu erscheint, ist für den anderen ein „alter Hut“, was vor Jahren oder ein paar Tagen als neu gepriesen wurde, kann heute „Schnee von gestern“ sein. Wenn sich das Merkmal des Neuen mithin aus der Perspektive eines Beobachters der vollzogenen Änderung ergibt, so lässt sich das Neue nicht mehr als Eigenschaft der Änderung verstehen, sondern muss vielmehr als Wahrnehmung in der individuellen Perspektive eines Subjekts, eines subjektiven Systems, aufgefasst werden. Die Frage, was als neu gilt und was nicht, verschiebt sich mithin zu der Frage, wie ein System etwas als neu betrachten kann und betrachtet. Dies schließt die Frage ein, wie sich überhaupt die Wahrnehmungsfähigkeit von Systemen erklären lässt.

Die Frage nach dem Vermögen eines Systems, wahrzunehmen und zu erkennen, führt diese Untersuchung in den Bereich der Erkenntnis- oder Kognitionstheorie, in der es um die Beobachtung und Beschreibung von Wahrnehmungs- und Erkenntnisprozessen von Systemen geht. Ein theoretischer Ansatz, der sich mit dieser Fragestellung befasst, wird in der Literatur unter dem Begriff des »Radikalen Konstruktivismus« geführt. Im Radikalen Konstruktivismus steht die „Erkenntnis des Erkennens“ im Zusammenhang mit der Entwicklung eines systemtheoretischen Modells, das es vermag, kognitive Systeme zu beschreiben bzw. zu erklären, wie Systeme kognitive Fähigkeiten erzeugen können.[5] Dieses Systemmodell wird unter der Bezeichnung des Modells »autopoietischer Systeme« geführt. Der Theorie autopoietischer Systeme geht grundsätzlich davon aus, dass sich Kognition als Fähigkeit eines Systems erweist, Unterscheidungen innerhalb seines Wahrnehmungshorizontes zu treffen.[6] Welche Unterscheidungsoperationen ein beobachtendes System hierbei spezifiziert, d.h. welche Unterscheidungskriterien ein beobachtendes System heranzieht, bestimmt es selbst.[7] In Abbildung 10 sind beispielhaft mögliche Kriterien angeführt, nach denen ein Beobachter Novationen in seinem Wahrnehmungshorizont erkennen, Neues von Nicht-Neuem unterscheiden könnte.

Unterscheidet ein System in seinem Wahrnehmungshorizont ein beobachtetes Etwas nach diesen exemplarischen Unterscheidungskriterien und bezieht die jeweils

[5] Vgl. Maturana/ Varela (1991), S. 19; Maturana (1996), S. 89ff.

[6] Eine umfassendere Beschreibung des Modells autopoietischer Systeme erfolgt an späterer Stelle.

[7] Vgl. Maturana (1996), S. 92; Luhmann (1987), S. 35, spricht in diesem Zusammenhang von der sinnhaften „Erzeugung von Differenzen“.

selbst vorgenommenen Zuordnungen aufeinander, so können sich folgende Wahrnehmungen von Novationen ergeben:

- was bisher unbekannt war, gilt in gegenwärtiger oder künftiger Bekanntheit als Novation;
- was bisher anwesend war und gegenwärtig in der selben Form noch einmal anwesend ist (bzw. künftig immer wieder), erscheint in seiner Wiederholung, in seiner Reproduktion als Novation;
- was von außerhalb in den Wahrnehmungshorizontes eines bestimmten Systems rückt, gilt diesem System als Novation, sobald es anwesend ist – anderen beobachtenden Systemen gilt der Wahrnehmungsgegenstand gleichzeitig nur unter dieser gleichen Bedingung ebenfalls als Novation.

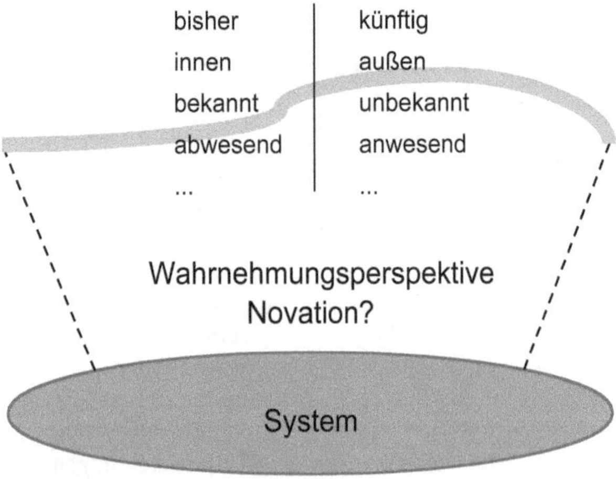


**Abb. 10: Erkenntnis von Novationen**

Betrachtet man die ersten beiden Punkte, so ergeben sich zwei sachlich-zeitliche[8] Formen von Novationen: zum einen das Neue, das als Veränderung des Bekannten (des Alten) erscheint, zum anderen das Neue, das als aktualisierte Auflage, als Reproduktion des Bekannten oder des bisher schon Dagewesenen erscheint.[9] Der dritte Punkt weist auf eine Bestimmung eines Beobachters hin und wirft die Frage auf, für wen ein Neues als Neues gilt: für alle oder für einen. Aus der Verknüpfung der sachlich-zeitlichen Formen der Novation mit dem oder den Beobachtern, lassen sich drei weitere Novationsformen feststellen, die wie folgt bezeichnet

---

[8] Vgl. zur hier vorgenommenen Auswahl der Unterscheidungskriterien die von Luhmann (1987), S. 112ff, beschriebenen Sinndimensionen – Sach- Zeit- und Sozialdimension.

[9] Vgl. Ortmann (1995), S. 398ff, mit einem Beitrag unter dem Titel „Das Neue und das Alte".

werden können: erstens die »Neuheit« oder Erfindung als eine von allen wahrgenommene Veränderung des Bekannten, zweitens die »Neuerung« als Veränderung des Bekannten eines bestimmten Beobachters und drittens die »Erneuerung« als Aktualisierung oder Reproduktion des Bekannten aus der Perspektive von allen oder einem.

Nach dieser Differenzierung der Möglichkeiten, Novationen wahrzunehmen und zu beschreiben, sollen die Ausführungen nun zurückgeführt werden auf den Begriff der »In-Novation«. Betrachtet man hierzu die Aussagen der Innovationsdiskussion, so geht es dort vor allem um die Herausbildung der Fähigkeit von Systemen, Neues in den Formen der Neuheit oder der Erneuerung in die eigenen Verhaltensweisen aufzunehmen: ein neues Produkt soll produziert werden, das gleiche Produkt soll mit neuen Mitteln oder neuen Verfahren hergestellt werden. Die Präposition »in« bezeichnet demnach die Einführung von Novationen in den Wahrnehmungshorizont, in die Verhaltens- oder Operationsweise hinein. Die dritte Form der Novation, die Erneuerung, erscheint dann als Wiederaufgreifen eines innerhalb des Systems bereits Praktizierten, als Wiederholung der innerhalb des Wahrnehmungshorizontes bereits Bekannten. Auch in der Form der Erneuerung wird insofern Neues in der Operationsweise des Systems verarbeitet. Analog zum Begriff der In-Novation lässt sich diese Form der Verarbeitung von Novationen als Re-Novation bezeichnen.

Systeme, die Novationen wahrnehmen, haben insofern die zwei Möglichkeiten, Neues in ihren Verhaltens- oder Operationsweisen zu verarbeiten:

- In-Novation: Einführung einer Neuheit oder einer Neuerung in die Verhaltens- oder Operationsweise eines Systems;
- Re-Novation: Durchführung einer Erneuerung von bisher in der Verhaltens- oder Operationsweise des Systems schon Dagewesenem.

Die erste Form der Verarbeitung von Neuem durch ein System, die innovative Form, ist durch eine Veränderung gekennzeichnet: das System wiederholt seine ihm eigenen Handlungen, seine Operationsweise, aber in anderer, neuer Form. Die zweite Form der Verarbeitung von Neuem durch ein System kann auch als die konservative Form bezeichnet werden: Das Alte wird in einer Neuauflage reproduziert, aus der Vergangenheit in die Gegenwart und Zukunft getragen und so in der Zeit aufbewahrt oder eben konserviert. Dieselbe Operationsweise wird noch einmal (immer wieder) neu in gleicher Ausführung praktiziert.

Nicht nur die Innovation, sondern genauso auch die Konservation stellen nach diesen Überlegungen Möglichkeiten eines agierenden Systems dar, Neues innerhalb seines Operationsmodus zu verarbeiten. Innovation und Konservation haben aus Sicht eines Systems damit dieselbe Funktion: beides erweist sich als geeignet, um als System „aktuell“ zu bleiben. Im Hinblick auf die Frage nach dem Zusammenhang von Innovation und Systemerhalt wird insofern fraglich, ob es bestimmbare Bedingungen gibt, unter denen sich ein System für die eine oder die andere Variante zur Verarbeitung von Novationen entscheiden wird.

## 5.3 Modell des Fließsystems in der Logistik

Die Intention dieses Beitrags liegt in der Klärung des Zusammenhangs zwischen Innovation und Systemerhalt, speziell in der Logistik. Fraglich ist deshalb, inwieweit das in der Logistik verwendete Systemmodell geeignet ist, den Blick auf diesen Zusammenhang zu richten. Erforderlich erscheinen dazu zunächst zwei Aspekte zu sein: das Systemmodell muss erstens eine Beschreibung darüber ermöglichen, in welcher Weise sich ein logistisches System erhalten kann und zweitens muss das Systemmodell erklären können, in welcher Weise ein logistisches System In-Novationen erzeugt.[10] Aus der oben vorgenommenen Untersuchung des Innovationsbegriffs lässt sich zudem die Anforderung an das Systemmodell ableiten, das Systeminnere von einem Systemäußeren unterscheiden zu können. Im Folgenden soll das in der Logistik verwendete Systemmodell beschrieben und hinsichtlich dieser Anforderungen untersucht werden.

Die Logistik versteht sich als eine spezifische Ausprägung der Systemtheorie, bei der die Beziehungen zwischen den Elementen Strömungs- oder Flussbeziehungen repräsentieren.[11] Logistische Systeme werden im aktuellen Logistikverständnis insofern auch als Fließsysteme bezeichnet. Die Elemente eines solchen Fließsystems werden unter Verwendung von Begriffen aus der Graphentheorie als »Knoten«, die Flussbeziehungen als »Kanten« dargestellt.[12] Durch das so entstandene Netzwerk fließen entlang der Kanten verschiedene »Flussobjekte«, die in den Knoten transformiert oder von dort aus weitertransferiert werden.[13] Insgesamt ergibt sich ein ineinandergreifendes Gefüge von Bewegungsprozessen an den Kanten und von Speicherprozessen in den Knoten des Netzwerks.[14] Als Flussobjekte werden zumeist Güter, Materialien, Rohstoffe, Halbfabrikate, Fertigprodukte und Personen definiert, teilweise aber auch Dienstleistungen, Informationen, Rechte, Aufträge und Entscheidungen.[15] Als Knoten werden in der Literatur variierend teils technische Einrichtungen, wie z.B. Produktionsstätten oder Kommissionier-

---

[10] Vgl. Maturana (1996a), S. 288, nach dem sich eine wissenschaftlich akzeptable Antwort dann ergibt, wenn die in der Antwort vorgeschlagenen konkreten oder konzeptuellen Systeme in ihrem Operieren alle in der betreffenden Frage involvierten Phänomene erzeugen.

[11] Vgl. Göpfert (2000), S. 70.

[12] Vgl. Pfohl (2000), S. 5; Delfmann (1999), S. 45f; Klaus (1998), S. 67ff.

[13] Vgl. Delfmann (1999), S. 46; Klaus (1998), S. 67.

[14] Vgl. Pfohl (2000), S. 5.

[15] Vgl. Göpfert (2000), S. 19; Klaus (1998), S. 69; Pfohl (2000a), S. 7ff.

plätze,[16] teils verschiedene Akteure, wie z.B. Produzenten oder Logistikdienstleister,[17] definiert. Abbildung 11 zeigt ein solches Fließsystem.

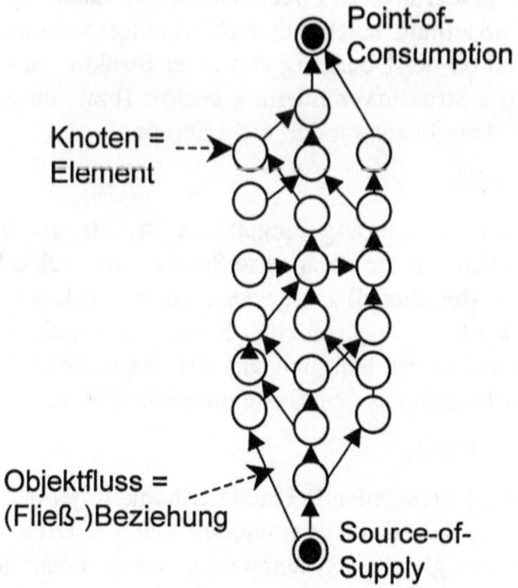


**Abb. 11: Die Supply Chain als Fließsystem**

Die durch die Kanten verbundenen Knoten bilden die Strukturen des Fließsystems, die aus den räumlichen Flüssen der Objekte zu beobachten sind. Dabei unterliegen sowohl die Knoten als auch die Kanten bestimmten Kapazitätsbeschränkungen.[18] Eine zeitliche Dimension ergibt sich darüber hinaus durch Betrachtung der Abfolge des Objektflusses von Knoten zu Knoten und der Geschwindigkeit, mit der die Objekte durch das Netzwerk fließen. Die Abfolge oder Richtung des Objektflusses wird in einer gewissen Bandbreite von seinem Zweck, Kundenbedürfnisse zu befriedigen, bestimmt. Dieser Sachverhalt wird zum Teil als »Wertkette« oder »Supply Chain«, die ein Netzwerk durchzieht, beschrieben.[19] Bei der Erklärung von Innovationen zeigen sich auf der Basis dieses Systemmodells eine Reihe von Problemen, die sich wie folgt beschreiben lassen:

[16] Vgl. Klaus (1998), S. 67.
[17] Vgl. Hagen/ Springer/ Stabenau (2002), S. 20.
[18] Vgl. Klaus (1998), S. 68f.; Delfmann (1999), S. 46.
[19] Vgl. z.B. Hagen/ Springer/ Stabenau (2002), S. 20.

**Problem der Strukturveränderung:**

Innovationen des Produktes, der Produktionsmittel oder der Kombination der Produktionsfaktoren lassen sich nur über eine Veränderung von Elementen des Systems oder eine Veränderung der Fließbeziehungen darstellen. Das Systemmodell lässt zwar die Darstellung solch unterschiedlicher Strukturzustände zu, erklärt aber nicht, wie und ob der Übergang von einer Struktur zu einer anderen erfolgt. Der Impuls, der die Strukturveränderung auslöst (bzw. ob ein solcher überhaupt existiert) geht aus dem Systemmodell nicht hervor.

**Problem der Identität:**

Sofern eine Strukturveränderung eingetreten ist, die als Innovation betrachtet wird, wird es fraglich, ob die veränderte Struktur das selbe System darstellt wie vorher. Weil das Systemmodell zwar verschiedene strukturelle Zustände abbilden kann, nicht aber den Übergang von einer Struktur zur anderen, lässt sich die Kontinuität der Systemidentität lediglich auf der Basis von Plausibilitätsannahmen stützen, nicht aber logisch aus dem Systemmodell ableiten.

**Problem der Zurechnung:**

Die in der Literatur festzustellende Uneinheitlichkeit bei der Definition der Knoten weist darauf hin, dass das Systemmodell keine Letztelemente abbildet. Vielmehr werden mit dem gleichen Systemmodell verschiedene Systemebenen dargestellt (Arbeitsplätze in Abteilungen in Unternehmen in Unternehmensverbünden ...). Fraglich ist deshalb, ob eine Innovation allen Ebenen des Systems zuzurechnen ist. Anders formuliert: wenn eine Abteilung als innovativ gilt, ist dann das ganze Unternehmen innovativ oder gar die aus mehreren Unternehmen bestehende Supply Chain? Wem die Innovationsleistung zuzuschreiben ist und wer ggf. von den positiven Wirkungen der Innovation auf den Systemerhalt profitiert, bleibt unklar.

Weiterhin ist festzustellen, dass das Modell des Fließsystems keine Grenze definiert. Weder ein Systeminneres noch ein Systemäußeres lässt sich insofern bestimmen. Im Hinblick auf die Erklärung von In-Novationen erweist sich das Fehlen eines Systeminneren, eines Raumes, und eines Systemäußeren, einer Systemumwelt, als problematisch: Wo es keinen Raum gibt, gibt es keine Möglichkeit der Einführung von Neuem. Wo es keine Umwelt gibt,[20] gibt es auch nichts, woher Neues kommen könnte. Das Fehlen einer Umwelt wirft zudem die Frage

[20] Als „Umwelt" kämen im Fließsystemmodell der SOS sowie der POS in Frage. Betrachtet man den SOS als Quelle notwendiger Mittel, den POS als Ort der Erfüllung des Zwecks, dem sich das Fließsystem verschrieben hat, so müsste das System selbst auf der einen Seite als mittellos, auf der anderen als zwecklos bezeichnet werden, wenn diese Punkte nicht als dem System, sondern der Umwelt zugehörig betrachtet werden.

auf, worin sich ein betrachtetes System denn überhaupt erhalten solle. Damit hängt ebenfalls zusammen, dass das Systemmodell nicht abbildet, welcher strukturelle Zustand des Systems – vor oder nach einer Innovation – sich als bestandsfähiger erweist. Ob eine Innovation – sofern sie realisiert wurde oder wird – den Erhalt eines Systems sichern kann oder auch nicht, bleibt damit subjektiven Einschätzungen überlassen: Prognosen, Plausibilitätsannahmen und Erwartungen.

Zusammenfassend weist das Modell logistischer Fließsysteme bei der Erklärung des Zusammenhangs zwischen Innovationen und Systemerhalt konzeptionelle Probleme auf. Auf der Basis des systemtheoretischen Modells, das Systeme als Ganzheiten definiert, die aus Elementen und den zwischen diesen existierenden Beziehungen bestehen, lassen sich weder eine Innovationstätigkeit noch die Bedingungen des Systemerhalts hinreichend beschreiben. Der Zusammenhang zwischen diesen beiden Punkten kann somit nicht untersucht werden.

## 5.4 Theorie autopoietischer Systeme

Auf die Entwicklung eines Systemmodells unter der Bezeichnung des »autopoietischen Systems« von Vertretern, die der Denkrichtung des sog. Radikalen Konstruktivismus zugeordnet werden, wurde bereits oben hingewiesen. Dieses Systemmodell und die ihm zu Grunde gelegten Paradigmen sollen im folgenden daraufhin untersucht werden, ob und in welcher Weise sich hier eine Möglichkeit zur Erklärung des Zusammenhangs von In-Novation und Systemerhalt ergeben kann.

### 5.4.1 Autopoiese

Den Begriff der Autopoiese entwarfen die beiden chilenischen Neurobiologen H. Maturana und F. Varela, um das Prinzip begrifflich zu beschreiben, das sie bei der Suche nach einem Mechanismus, der lebende Systeme charakterisiert, entdeckten. Autopoiese leitet sich aus dem Griechischen ab und bedeutet soviel wie „selbstmachen". Lebende Systeme sind nach Maturana und Varela demnach dadurch gekennzeichnet, „dass sie sich – buchstäblich – andauernd selbst erzeugen".[21] Eine lebende Systeme kennzeichnende autopoietische Organisation wird von Maturana Varela/Uribe wie folgt beschrieben:

> „The autopoietic organization is defined as a unity by a network of production of components which (I) participate recursively in the same network of production of components which produced these components, and

[21] Maturana/ Varela (1991), S. 50.

(II) realizes the network of productions as a unity in the space in which the components exist."[22]

Anders formuliert handelt es sich bei einem System um ein autopoietisches System, wenn es „zirkulär die Komponenten produziert, aus denen es besteht, das sich also über die Herstellung seiner Bestandteile selbst herstellt und erhält."[23] Dabei bildet ein autopoietisches System eine „räumlich" abgeschlossene Einheit, indem es seine Grenzen als Ablösung vom Hintergrund konstituiert und spezifiziert.[24]

Die Entstehung eines Systems, dass „die Elemente, aus denen es besteht, mit Hilfe der Elemente, aus denen es besteht"[25] selbst produziert, erscheint auf den ersten Blick paradox. Vom Standpunkt eines externen Beobachters aus wird es unmöglich, eine Ausgangsbasis, ein Ausgangselement zu erkennen, von dem aus die Produktion weiterer Elemente begonnen und fortgesetzt werden könnte.[26]

### 5.4.2 Perspektivenwechsel

Die Herstellung eigener Elemente aus selbst produzierten Elementen beschreibt einen geschlossenen Produktionsprozess, der aus der traditionellen Perspektive logische Probleme aufwirft. Nach von Foerster widerspricht das Prinzip der Geschlossenheit der traditionellen wissenschaftlichen Auffassung, die auf Objektivität zielt. Unter den Bedingungen der Geschlossenheit kann eine objektive Beschreibung hingegen nicht erfolgen, weil die Eigenschaften des Beobachters in seine Beschreibungen eingehen.[27] Beispielhaft für eine solche Subjektivierung eines Beobachtungsgegenstandes kann hier die oben skizzierte Wahrnehmung von Neuem angeführt werden, wonach das Merkmal des Neuen nicht einem Gegenstand anhaftet, sondern erst aus der subjektiven Perspektive eines Beobachters hervorgebracht und einem Gegenstand zugeschrieben wird. Die Beschreibung autopoietischer Systeme setzt damit einen grundlegenden Perspektivenwechsel bei der Betrachtung realer Systeme voraus. Dieser Perspektivenwechsel geht anschaulich aus der Gegenüberstellung der traditionellen und der konstruktivistischen Realitätsauffassung hervor.

---

[22] Varela/ Maturana/ Uribe (1974), S. 188.
[23] Roth (1996), S. 258.
[24] Vgl. Varela (1996), S. 121.
[25] Luhmann (1982), S. 369.
[26] Vgl. von Glasersfeld (1997), S. 241, der ausführt, dass das in der Autopoiese zur Wirkung gebrachte Prinzip einer selbstbezüglichen Zirkularität in der herkömmlichen Logik als Anomalie, als Paradox oder als Verletzung formaler Regeln aufgefasst wurde.
[27] Vgl. von Foerster (1993), S. 146, ähnlich argumentierend von Glasersfeld (1997), S. 81.

Da Beschreibungen dem konstruktivistischen Realitätsverständnis folgend nur von solchen Phänomenen angefertigt werden können, die wahrgenommen werden, bleibt jede Beschreibung insofern an die subjektive Wahrnehmung eines Beobachters gebunden. Die Beschreibung von Systemen muss demnach die Wahrnehmung des subjektiven Beobachters beschreiben, d.h. die Art der Unterscheidung oder Differenzierung, die der Beobachter bei der Erkenntnis eines Systems spezifiziert.

**Tab. 15: Abweichende Realitätsauffassungen**

| traditionelle Perspektive | konstruktivistische Perspektive |
|---|---|
| • „Es gibt wahrzunehmende Objekte, und ihre Anwesenheit bestimmt ihre Erkennbarkeit."[28] | • „Wir sehen nicht, was wir nicht sehen, und was wir nicht sehen, existiert nicht."[29]<br>• „Wenn man wissen will, wie eine Beschreibung zustande kommt, muss man den Beobachter beobachten, nicht den Gegenstand."[30] |

### 5.4.3 Systeme als System/Umwelt-Differenzen

Die Beschreibung von Systemen löst sich in der konstruktivistischen Perspektive deshalb von der Form, über die Bestimmung der Systemelemente und der zwischen diesen bestehenden Beziehungen ein z.B. sprachliches oder graphisches Abbild des betrachteten Systems zu geben. Beschreibungen von Systemen erfolgen stattdessen in der Form, über die Bestimmung der Differenz, mit der ein Beobachter ein System von seiner Umwelt unterscheidet, die Wahrnehmungsweise des Beobachters zu beschreiben. Systeme werden auf Basis dieser Überlegungen als »System/Umwelt-Differenzen« konzipiert. Ein System bildet demnach eine Einheit, die sich von einer sie umgebenden Umwelt unterscheidet. Luhmann, der das Konzept autopoietischer Systeme auf soziale Systeme übertragen hat, formuliert es nachdrücklich:

> „Als Ausgangspunkt jeder systemtheoretischen Analyse hat ... die *Differenz von System und Umwelt* zu dienen."[31]

[28] Vgl. Maturana (1996), S. 90.
[29] Vgl. Maturana/ Varela (1991), S. 260.
[30] Baecker (1999), S. 55.
[31] Luhmann (1987), S. 35 (Hervorhebung im Original).

Abbildung 12 zeigt eine solche System/Umwelt-Differenz, in der sich zwei Systeme durch einen differenzierenden Helligkeitsgrad von ihrem Hintergrund, ihrer Umwelt, unterscheiden und dadurch hervorbringen.

Werden Systeme in der Form von System/Umwelt-Differenzen beschreiben, so hat das eine Reihe von Konsequenzen.

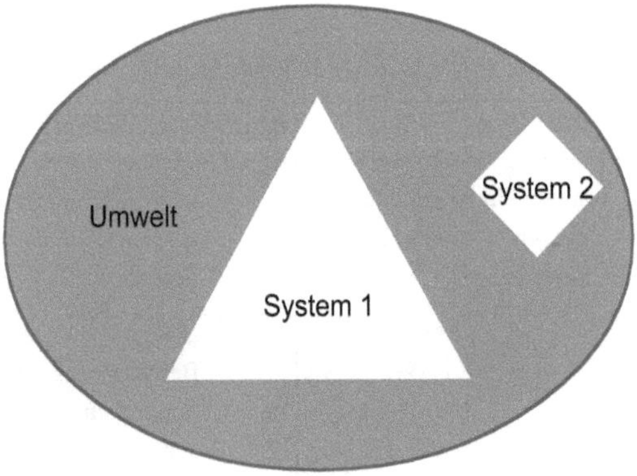


**Abb. 12: Systeme als System/ Umwelt-Differenz**

- **Verhältnis zwischen System und Umwelt**:

Das Treffen einer Unterscheidung gilt als konstitutiv sowohl für das System als auch für die Umwelt. Mit der Beschreibung einer systemkonstituierenden Differenz wird neben der Definition einer systemischen Einheit gleichzeitig die dieses System umgebende Umwelt definiert (Prinzip der Gleichzeitigkeit). System und Umwelt weisen die gleichen Eigenschaften auf, die durch die Wahl der Differenz bestimmt werden und in denen sie sich unterscheiden (Prinzip der strukturellen Kopplung).[32] So sind in Abbildung 12 sowohl die Systeme als auch die Umwelt durch die Eigenschaft charakterisiert, einen bestimmten Helligkeitsgrad aufzuweisen, in dem sie sich unterscheiden. Für den Erhalt eines Systems in seiner Umwelt ist es, diesem Modell folgend, erforderlich, die zur Konstitution des Systems verwendete Differenz kontinuierlich zu erhalten. Systemerhaltung ist insofern als Differenzerhaltung zu verstehen. In der Umwelt eines Systems können weitere Systeme existieren. Im Vergleich zu dem traditionellen Systemverständnis erscheint das Verhältnis zwischen Systemen unabhängiger – für den Erhalt eines Systems sind die Operationen anderer Systeme nicht unmittelbar ausschlaggebend.

---

[32] Vgl. Maturana (1996), S. 92; Maturana/ Varela (1991), S. 46.

- **Systemgrenze:**

An der Stelle, die die Unterscheidung markiert, entsteht eine Grenze. Diese muss notwendigerweise erhalten bleiben, damit das System und seine Umwelt in dieser Form erhalten bleiben.[33] Mit der Definition einer Systemgrenze ist eine Unterscheidung zwischen innen und außen möglich. Der Grenze eines Systems kommt, Luhmanns Ausführungen folgend, eine Doppelfunktion zu, die darin besteht, System und Umwelt einerseits zu verbinden, andererseits voneinander zu trennen. Diese Doppelfunktion verdeutlicht Luhmann an Hand der Unterscheidung zwischen Element und Relation. So müssten Elemente entweder dem System oder dessen Umwelt zugerechnet werden. Relationen hingegen könnten auch über die Grenze hinweg zwischen System und Umwelt bestehen. Eine Grenze „trennt Ereignisse, aber kausale Wirkungen lässt sie passieren."[34] Grenzen sind damit in einer Hinsicht geschlossen, in anderer Hinsicht offen und dienen so der Selektion sowohl der eigenen Komplexität als auch der Komplexität der Umwelt. Die Herausbildung von Grenzen gilt als ein grundsätzliches Merkmal von Systemen. Willke weist auf die Besonderheit von psychischen und sozialen Systemen hin, deren Grenzen nicht physikalisch-räumlich fassbar seien, sondern symbolisch-sinnhaft bestimmt werden.[35]

Mit der Konzeption von Systemen als System/Umwelt-Differenzen können zwei der oben genannten drei Anforderungen an ein Erklärungsmodell des Zusammenhangs zwischen In-Novationen und Systemerhalt als hinreichend betrachtet werden: Die Anforderung nach einer Erklärung der Voraussetzungen, unter denen der Erhalt eines Systems angenommen werden kann und die Anforderung nach einer Unterscheidung von Innen und Außen.

### 5.4.4 Selbstorganisation

Die Berücksichtigung der dritten Anforderung an das hier zu beschreibende Systemmodell, die Erklärung, wie In-Novationen in Systemen erwirkt werden, ergibt sich aus der autopoietischen Produktion von Elementen, die in solchen Systemen stattfindet, die sich aus ihrer eigenen Aktivität heraus herstellen und erhalten.

Damit ein System die Elemente, aus denen es besteht, in einem zirkulären Prozess selbst herstellen kann, gilt es zunächst ein Ausgangselement zu bestimmen, von dem aus eine fortgesetzte Elementproduktion erfolgen kann. Das Prinzip der Zir-

---

[33] Vgl. Maturana/ Varela (1991), S. 53, in deren Betrachtung biologischer Systeme die Grenze einer Zelle in Form der Zellmembran besteht, ohne die sich der zelluläre Stoffwechsel in eine „molekulare Brühe" auflösen würde.

[34] Luhmann (1987), S. 52.

[35] Vgl. Willke (1991), S. 194.

kularität, das sich als Rückgriff auf eigene Elemente darstellt und die Hervorbringung weiterer Elemente ermöglicht, wird neben dem Begriff der Autopoiese auch mit den Begriffen der »Selbstreferenz« oder »Rekursivität« bezeichnet. Der Begriff der Rekursivität spielt u.a. eine Rolle im Zusammenhang mit mathematischen rekursiven Funktionen. Eine rekursive Funktion kann beschrieben werden als die wiederholte Anwendung einer Operation auf das Ergebnis der vorangegangenen Operation. Die Besonderheit solch rekursiver Funktionen liegt darin, dass sich nach einer gewissen Anzahl von Operationen unabhängig von einem gewählten Ausgangswert ein stabiles Ergebnis zeigt. So ergibt sich beispielsweise durch wiederholte Anwendung der Operation des Wurzelziehens unabhängig von der anfänglich gewählten Zahl immer der Wert »1«.[36] Diese stabilen Werte bezeichnet von Foerster auch als »Eigenwerte«, die sich grundsätzlich unter den Bedingungen einer zirkulären, in sich geschlossenen Operationsweise einstellen.[37] Dabei erlaubt ein ermittelter Eigenwert die Fortsetzung der Operationen, weil er als erneuter Ausgangswert für eine Folgeoperation verwendet werden kann (so kann aus dem Eigenwert des Wurzelziehens »1« weitere Male die Wurzel gezogen werden). Diese Qualität muss ein Eigenwert aufweisen, weil das fortgesetzte Operieren andernfalls zum Erliegen kommen müsste. Weil im rekursiven Operieren mit dem Entstehen von Eigenwerten die Entstehung einer geordneten Stabilität unterstellt werden kann und diese Ordnung durch die fortgesetzten Operationen selbst erwirkt werden, spricht man hier auch von einer feststellbaren »Selbstorganisation«.

Die Operationsweise autopoietischer Systeme soll als Ergebnis seiner Operationsweise ein Element des Systems hervorbringen. Das, was als Element bestimmt wird, ergibt sich damit als Eigenwert aus einer rekursiven Folge seiner Operationsweise. So können etwa lebende Systeme in einer unbestimmten „Ursuppe" entstehen, wenn durch die Operationen – chemische Produktionen – Elemente in Form von Molekülen bestimmt werden, die als Ausgangsbasis für eine weitere Operation herangezogen werden können, die wiederum ein Molekül erzeugt, während das vorangegangene Element zerfällt.[38] Ein autopoietisches System existiert demnach ausgehend von einem selbstkonstituierten Ausgangselement solange seine hierauf angewandte Operationsweise im Ergebnis ein erneutes Ausgangselement für eine Folgeoperation produziert. Die im rekursiven Operieren selbst erfolgte Bestimmung von Elementen weist darauf hin, dass das autopoietische Sys-

---

[36] Vgl. von Foerster (1996), S. 150ff.

[37] Die Grundsätzlichkeit dieses Phänomens belegt von Foerster anhand zahlreicher Beispiele aus den unterschiedlichsten Bereichen, so bspw. aus der Physik mit den Kreisbahnen von Elektronen um einen Atomkern oder aus der Entwicklungspsychologie mit der Entstehung von Verhaltenskompetenz gegenüber Gegenständen; vgl. von Foerster (1993a), S. 241f; (1996), S. 148ff.

[38] Vgl. Varela (1996), S. 125.

tem mit der Ausdifferenzierung seiner Elemente seine eigene Differenz selbst bestimmt. Dabei wird „nicht etwa Etwas aus dem Nichts geschaffen (..), sondern vielmehr etwas Bestimmtes in einem unbestimmt bleibenden (...) Bedingungskontext hervorgebracht.“[39]

Aus der autopoietischen Organisation von Systemen lässt sich nunmehr erklären, wie In-Novationen oder auch Re-Novationen erzeugt werden: die Herstellung eines neuen Elementes, das in seiner Form den vorangegangenen Formen entspricht, re-noviert das System, die Herstellung eines neuen Elementes, das in seiner Form von der Form der vorangegangenen Elemente abweicht, in-noviert das System. Welche Form der Reproduktion seiner selbst das System wählen wird, wird davon abhängen, wo es Möglichkeiten zur Aufrechterhaltung der Bedingungen des Systemerhalts erkennt – einerseits Differenzerhaltung, andererseits Sicherung der Anschlussfähigkeit für Folgeoperationen. Wichtig ist allein, dass überhaupt Elemente erzeugt werden, oder wie Baecker es ausdrückt:

*„Es kann geschehen was will, wenn nur jedes Ende zugleich ein Anfang ist.“*[40]

## 5.5 Logistik als autopoietisches System

### 5.5.1 Die Differenz der Logistik

Sollen logistische Systeme in Anlehnung an das Systemmodell im Radikalen Konstruktivismus als System/Umwelt-Differenz beschrieben werden, so ist die Differenz zu bestimmen, die die Logistik aus der Sicht eines Bobachters konstituiert. Im Fließsystemansatz wird als Aufgabe der Logistik „Entwicklung, Gestaltung, Lenkung und Realisation effektiver und effizienter Flüsse von Objekten“[41] beschrieben. Betrachtet man als zentrales Merkmal der Logistik das zum Fließen oder in Bewegung bringen von Objekten, so lässt sich die in der Logistik verkörperte Differenz als Differenz aus Bewegung und Nicht-Bewegung beschreiben. Abbildung 13 zeigt die Differenz in zwei Formen auf.[42]

Grafik I zeigt die logistische Differenz als System, das Bewegung von identischen Objekten in einem Umfeld der Nicht-Bewegung erzeugt. Grafik II zeigt die Differenz in umgekehrter Version, in der das System Nicht-Bewegung identischer Objekte in einem Umfeld der Bewegung erzeugt. Logistik bedeutet mithin nicht nur

[39] Baecker (1999), S. 202.
[40] Baecker (1993), S. 20.
[41] Göpfert (1999), S. 28.
[42] Vgl. Bruns-Vietor (2004), S. 270ff.

das Bewegen von Objekten, sondern genauso auch das Anhalten, das zum Stillstand bringen von Objekten, die als identisch wahrgenommen werden.

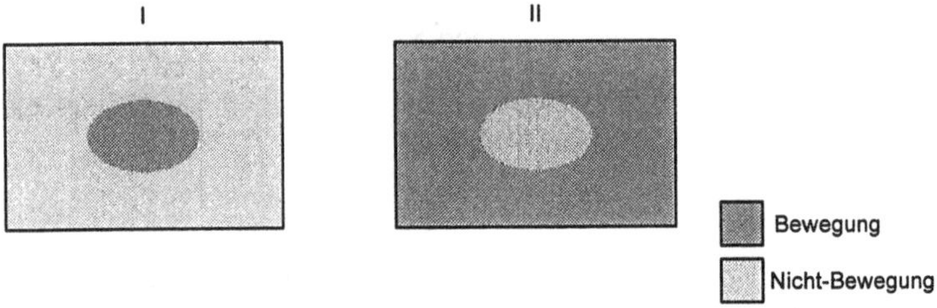


**Abb. 13: Differenzen aus Bewegung und Nicht-Bewegung**

Die Erzeugung von Bewegung in einem Umfeld der Nicht-Bewegung wird in der Sprache der Logistik als »Transport« und die Erzeugung von Nicht-Bewegung in einem Umfeld der Bewegung als »Lagerung« bezeichnet. Die Einordnung der dritten originären Aufgabe der Logistik, das Umschlagen, kann durch die Interpretation der Operationsweise logistischer Systeme, dem Bewegen permanenter Objekte, nicht nur als die Durchführung, sondern auch als die Veranlassung der Bewegung vorgenommen werden. Im »Umschlag« liegt die Veranlassung, der Impuls für Bewegungen, wobei einerseits die zu bewegenden Objekte und andererseits die Richtung der Bewegung der Objekte bestimmt werden. Die Erzeugung der Differenz aus Bewegung und Nicht-Bewegung schließt den Umschlag damit ein, weil sie nur dadurch erzeugt werden kann, dass sie veranlasst, dass sie begonnen wird. Der Begriff des »Umschlags« kennzeichnet den Begriff, der den Ausgangspunkt der Aktivität des Bewegens markiert, indem die Operationsweise in Bezug auf permanente Objekte umgepolt wird. Analog lässt sich »Umschlag« auch im Sinne der Markierung eines Endpunktes von Bewegung bzw. Nicht-Bewegung interpretieren. Im Umschlag werden Objekte quasi aus dem Bereich, in dem sie nicht bewegt werden, in den Bereich des Bewegtwerdens gebracht und umgekehrt.

Für ein logistisches System bedeutet das, dass es sich so lange als solches erhält, wie es die logistische Differenz durch Erzeugung von Bewegung/Nicht-Bewegung konstituiert und es erzeugt diese Differenz, solange es die Operationsweise eines logistischen Systems praktiziert und in diesem Praktizieren seine Elemente produziert: Solange ein logistisches System transportiert, lagert und/oder umschlägt, existiert es als logistisches System. Hört es damit auf, hört seine Existenz als logistisches System gleichfalls auf. Jedes Transportieren, Lagern und/oder Umschlagen bildet als operative Einheit ein Element des logistischen Systems.[43]

### 5.5.2 Anschlussmöglichkeiten

Mit der Beendigung eines Transportierens, Lagerns oder Umschlagens erlischt das jeweils produzierte Element des logistischen Systems. Damit mit dem Erlöschen seiner Elemente nicht auch die Beendigung der Existenz des Systems einhergeht, müssen in diesen Elementen Anschlussmöglichkeiten für Folgeoperationen angelegt sein. Anschlussfähigkeit im Sinne der Theorie autopoietischer Systeme liegt dann vor, wenn mit von Foerster Ende und Anfang zusammenfallen. Die Begründung eines Anfangspunktes durch einen Endpunkt begründet gleichzeitig die Schließung eines Systems. Bei einem logistischen System kann eine solche Geschlossenheit angenommen werden, weil eine logistische Aktivität durch den Beginn einer anschließenden Aktivität beendet wird und der Beginn einer logistischen Aktivität durch die Beendigung einer vorangegangenen Aktivität eingeleitet wird: ein Umschlagen leitet ein Transportieren ein, das durch ein zweites Umschlagen beendet wird und das gleichzeitig ein Lagern einleitet, das wiederum durch eine logistische Aktivität beendet wird und dadurch einen neuen Anfangspunkt konstituiert. Die Produktion der Elemente des logistischen Systems produziert gleichzeitig immer wieder die logistische Differenz, indem es Bewegung und Nicht-Bewegung, Transportieren und Lagern, abwechselt und durch den Impuls zum Richtungswechsel, das Umschlagen, miteinander verbindet.

Anschlüsse ergeben sich auch, wenn die drei eine logistische Differenz erzeugenden Aktivitäten nicht gewechselt werden oder ein Umschlag ausbleibt: Ein Transportieren kann in ein weiteres Transportieren münden (von A nach B, von B nach C), ein Lagern in ein weiteres Lagern (von März bis April, von April bis Mai), ein Umschlag in einen weiteren Umschlag (erst die eine Palette, dann eine andere). Jedes Transportieren kann umschlaglos in Lagern münden und umgekehrt, wenn etwa ein Lager auf Rädern in Bewegung gesetzt oder angehalten wird.[44] Die logistische Differenz bietet aus dieser Perspektive mehrere Möglichkeiten, die Reproduktion von Bewegungselementen fortzusetzen und das logistische System, das diese Möglichkeiten erkennt, zu re-novieren.

---

[43] Die Elemente werden hier als substantivierte Verben aufgeführt, weil die Elemente in der Operations- oder Handlungsweise des Systems gebildet werden. Hingegen bilden ein Transporter, ein Lager oder ein Umschlagsplatz keine Elemente eines logistischen Systems, weil ihr Vorhandensein allein nicht ausreicht, die logistische Differenz zu begründen. Ein Lager bspw. wird für ein logistisches System erst interessant, wenn in ihm auch gelagert wird.

[44] Umschlaglos ist dieser Wechsel jedenfalls dann, wenn das Bremsen bzw. Beschleunigen nicht bereits als Umschlagen definiert wird – was nicht notwendig, aber möglich ist.

### 5.5.3 In-Novation in der Logistik

Erst unter der Bedingung, dass das logistische System eine Möglichkeit zur Produktion logistischer Elemente in gewohnter Form nicht mehr erkennt, ergibt sich die Notwendigkeit, bisher nicht praktizierte oder bisher unbekannte Formen der Logistik in seine Operationsweise aufzunehmen und auf in-novativem Weg die logistische Differenz zu aktualisieren.

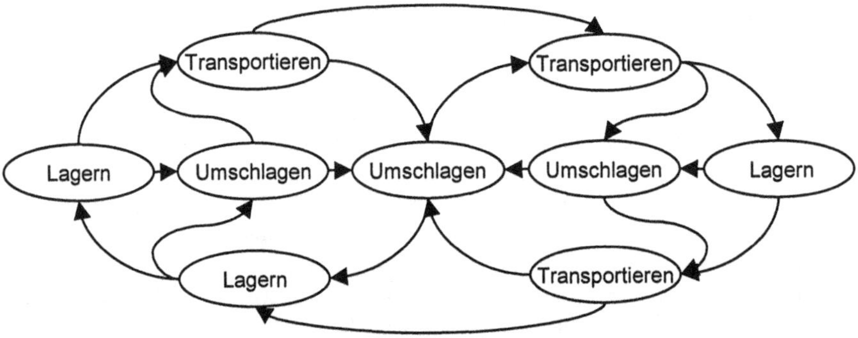


**Abb. 14: Anschlüsse im logistischen System**

Um Bewegungen und Möglichkeiten zu ihrer (neuartigen) Differenzierung beschreiben zu können, ist es erforderlich, die Unterscheidungskriterien zu bestimmen, die ein Beobachter bei der Wahrnehmung von Bewegungen verwendet. In der Physik gibt es zwei Größen, die zur Beschreibung von Bewegungen genutzt werden. Dies ist zum einen die »Geschwindigkeit« als Quotient von Weg und Zeit, zum anderen die »mechanische Arbeit« als Produkt von Kraft und Weg, den ein Objekt zurücklegt.[45] Damit ergeben sich vier Dimensionen, über die eine Bewegung von anderen Bewegungen differenziert werden kann: über Variation der Strecke, über Variation der Zeit, über Variation der Kraft oder Energie und über Variation des Objektes. Wenn die Variation einer dieser Optionen zur Differenzierung einer Bewegung von einer anderen führt, konstituiert sich ein logistisches Element. Umkehrt lässt sich sagen: Ein Objekt, das mit einem bestimmten Fahrzeug zu einer bestimmten Zeit von einem bestimmten Ausgangsort an einen bestimmten Zielort bewegt wird, kann nicht in einer anderen Bewegung mit dem selben Fahrzeug zur selben Zeit vom selben Anfangs- an den selben Zielort bewegt werden. Es fehlt die Differenz in mindestens einer Dimension der Bewegung. Den Zusammenhang zwischen den vier Dimensionen zur Differenzierung von Bewegungen zeigt Abbildung 14. Bewegung I unterscheidet sich in drei Dimensionen von Bewegung II und erzeugt dadurch

[45] Vgl. Bredthauer/ Klar/ Lichtfeldt et al. (1998), S. 126f. und S. 174.

Differenzen. Ohne Differenz in mindestens einer Dimension wären Bewegung I und II deckungsgleich und erschienen als ein und dieselbe Bewegung. Jede Variation einer dieser Dimensionen ist insofern funktional für die Erzeugung einer logistischen Differenz. In Anlehnung an die verbreitete 4-R-Formel der Logistik ergibt sich die Wirksamkeit einer eigenständigen Bewegung, wenn verschiedene Objekte, zu oder in verschiedenen Zeiten, auf verschiedenen Strecken mit verschiedenen Energien[46] bewegt werden.

Sucht also ein logistisches System nach Möglichkeiten logistische Neuerungen in seine Operationsweise einzuführen, so kann es diese Dimensionen abtasten und sich fragen, welche andere Art von Objekten auf welcher anderen Strecke bewegt werden kann oder mit welchen anderen Transport-, Lagerungs- oder Umschlagstechnologien sich ein logistisches Element zu oder in einer anderen Zeit erzeugen lässt. Beispiele für Möglichkeiten zur Differenzierung der vier Bewegungsdimensionen gibt die nachfolgende Abbildung.

Eine logistische Neuheit wird ein logistisches System dann in seine Operationsweise einführen können, wenn es eine Möglichkeit findet, Bewegungen zu realisieren, die noch keinem möglich waren. Als Beispiele bereits erfundener Erfindungen können aufgezählt werden: Gefährte, die das Bewegen von Objekten in der Luft ermöglichten, Kräne und Hebevorrichtungen, die bislang unbewegbare Dinge beweglich und umschlagbar machten oder Kühlsysteme, die verderbliche Waren transportier- und lagerfähig werden ließen. Im Hinblick auf die Erschließung von Strecken ergaben sich dort logistische Neuheiten, wo es zuvor keine Wege gab, z.B. durch Straßen-, Schienen- oder Kanalbau, die Vertiefung von Flüssen oder auf politischem Wege durch die Öffnung von Markt- oder Nationengrenzen. Neuheiten auf der Bewegungsdimension der Zeit ergaben sich teils ebenfalls durch technische Erfindungen, so z.B. die Verkürzung der Transportzeiten durch das Automobil, können sich aber auch durch gesellschaftliche Tabubrüche ergeben, z.B. durch die Aufhebung des Sonntags- und Nachtfahrverbots für LKWs, wie es zuweilen gefordert wird. Wer logistische Differenzen erfinden will, kann mithin versuchen, auf den vier logistischen Bewegungsdimensionen bislang Unbekanntes oder Unmögliches zu erkennen und im Erkennen bekannt und möglich zu machen. Und vielleicht erfindet auch jemand die Möglichkeit, eine weitere Bewegungsdimension zu beschreiben oder mit weniger als den hier beschriebenen vieren auszukommen.

Mit der Beschreibung von logistischen Systemen als autopoietischen Systemen ergibt sich zusammenfassend eine Möglichkeit, die beiden Formen der Verarbei-

---

[46] Unter die Dimension der Energie werden hier auch die Verkehrsmittel gefasst, weil über ihre Bestimmung die Art der Energie, die Art der Energieumwandlung sowie der Energienutzungsgrad gleichfalls bestimmt werden.

tung von Neuem – In-Novation und Re-Novation – logistischer Systeme zu beschreiben. Re-Novationen erweisen sich als konservative Form demnach grundsätzlich als hinreichend, um den Erhalt des logistischen Systems durch Erhalt seiner Differenz zu gewährleisten In-Novationen werden nur unter der Bedingung erforderlich, in der die Erzeugung des Bewegungselementes in bekannter Form das System in unzureichender Weise von seiner Umwelt ausdifferenziert.

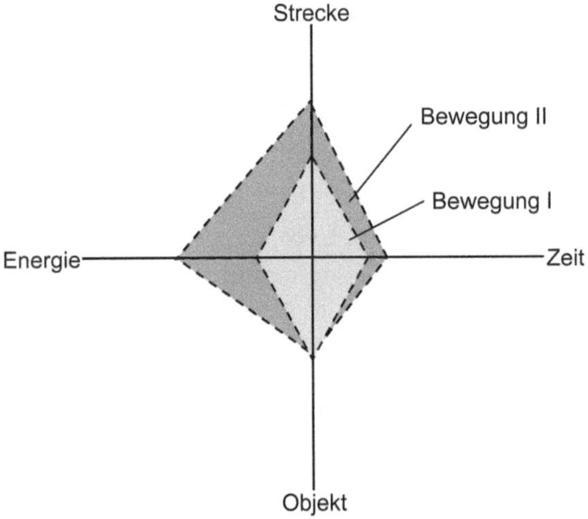


**Abb. 15: Differenzierung von Bewegungen**

Seine Differenz, seine Grenze, hat das logistische System in diesem Fall zu reflektieren und in neuer Weise zu bestimmen um seiner Auflösung entgegenzuwirken – Möglichkeiten dazu gibt es viele. An der Einführung von Neuheiten oder Neuerungen in logistische Systeme bleibt allerdings wesentlich, dass sich mit ihr die Differenz der Logistik erzeugen lässt. Erzeugt eine In-Novation diese Differenz nicht, so wird das System nicht als logistisches System fortexistieren, sondern in der Form, die es mit der neuen Differenz gewählt hat: Mit dem Wechsel der Differenz gibt sich das System eine neue Identität.

## 5.6 Fazit

Die funktionale Gleichsetzung von Re-Novation und In-Novation in der Theorie autopoietischer Systeme hebt die eingangs beschriebene Konfrontation von Konservatismus und Innovationsgläubigkeit auf. Die Diskussion über den Zusammenhang von Innovation und Systemerhalt kann sich deshalb auf die Frage richten, welche Bedingungen im Umfeld der Logistik den Ruf nach Innovationen haben so laut werden lassen. Scheinbar ist das Umfeld der Logistik bereits derart in Bewegung, dass die Erzeugung weiterer Bewegungsdifferenzen schwieriger geworden ist. Wo schon alles transportiert, gelagert oder umgeschlagen wird, gibt es keine Möglichkeit, dieses Transportieren, Lagern oder Umschlagen selbst auszuführen: Die Logistik ist an ihre Grenzen gestoßen.

**Tab. 16: Differenzierung der Bewegungsdimensionen**

| **Strecke** | **Zeit** | **Objekt** | **Energie** |
|---|---|---|---|
| Ausgangspunkt | Dauer | Gewicht | Menge |
| Endpunkt | Häufigkeit | Menge | Stärke |
| Länge | Zeiträume | Volumen | Art der Energie |
| Höhe | ... | Art | Art der Umwandlung |
| ... | | Sperrigkeit | ... |
| | | ... | |

Die Möglichkeiten zur Differenzierung von Bewegungen sind vielfältig. Die Beispiele logistischer Innovationen zeigen, dass es nicht nur technische Neuerungen oder Neuheiten sein können, die zum Erhalt der logistischen Differenz beitragen, sondern auch etwa gesellschaftliche oder marktliche Umorientierungen. Mit der Neubestimmung der Differenzen ist die Veränderung der logistischen Grenzen verbunden. Die Träger logistischer Systeme, vor allem Organisationen[47] in Form von Unternehmen, die die Logistik zum Gegenstand ihrer unternehmerischen Tätigkeit gewählt haben, wenden sich mithin an die Außenseite ihres Systems – den Markt, die Wirtschaft, die Gesellschaft, den Staat – die die Produktion logistischer Elemente einerseits erwartet, andererseits aber beschränkt wissen möchte. Diese Außenseite logistischer Systeme wird dort ihre Erwartungen an die Logistik erhöhen und weitere Bewegungen nachfragen, wo diese zur Aufrechterhaltung der Erzeugung der eigenen Operationsweise beitragen kann. Beschränkungen hingegen werden dort aufrechterhalten oder verstärkt, wo die Erweiterung der Logistik zu einer Beschränkung des jeweiligen Selbstverständnisses der Außenseite führen könnte. Die Frage nach Möglichkeiten der Einführung von Innovationen ergibt sich damit nicht allein aus der Wahrnehmungsperspektive eines logistischen Systems, dass in soziale Zusammenhänge eingebettet ist, und seinen Möglichkeiten,

---

[47] Vgl. zur Konzeption der Logistik als soziales System Bruns-Vietor (2004), S. 283ff.

diese Perspektive zu verändern und Neues aufzunehmen, sondern gleichfalls aus der Haltung seiner Außenseite. Bezeichnet man als Außenseite der Logistik die Wirtschaft, die Gesellschaft oder den Staat, so steht aus Sicht jedes dieses Um-Systems zur Diskussion, wie viel oder wie wenig Logistik benötigt und zugelassen wird, um sich in der Form als Wirtschafts-, Gesellschafts- oder Staatssystem zu erhalten, die aus der jeweiligen Perspektive realisiert werden soll. Diese Diskussion wird dann konträr und konfrontativ verlaufen, wenn eine der Außenseiten der Logistik durch die Grenzerweiterung der Logistik in ihren Bereich den Bedarf verspürt, sich in ihrem eigenen Selbstverständnis neu zu definieren. Sie wird so lange fortgeführt werden, bis sich in den fortgesetzten Kommunikationen eine Lösung einstellt – ein Eigenwert der Kommunikation, der die Identität der Logistik und die Identität ihrer Außenseite in der Form repräsentiert, die sich beide geben wollen.

## Literaturverzeichnis

Baecker, D. (1993): Kybernetik zweiter Ordnung, in: Schmidt, S. J. (Hrsg.): Wissen und Gewissen. Versuch einer Brücke, Frankfurt a.M., S. 17-23.

Baecker, D. (1999): Die Form des Unternehmens, Frankfurt a.M.

Bredthauer, W./Klar, G./Lichtfeldt, M./Reimers, J./Schmidt, M./Wessels, P. (1998): Impulse Physik 1 für die Mittelstufe der Gymnasien. 1. Aufl., Stuttgart, Düsseldorf, Berlin, Leipzig.

Bruns-Vietor, S. (2004): Logistik, Organisation und Netzwerke. Eine radikal konstruktivistische Diskussion des Fließsystemansatzes, Frankfurt a. M.

Delfmann, W. (1999): Kernelemente der Logistikkonzeption, in: Pfohl, H.- Chr. (Hrsg.): Logistikforschung. Entwicklungszüge und Gestaltungsansätze, Reihe Unternehmensführung und Logistik, Band 17, Berlin, S. 37-59.

de Pay, D. (1995): Informationsmanagement von Informationen, Wiesbaden

Foerster, H. von (1993): Unordnung/Ordnung: Entdeckung oder Erfindung?, in: Schmidt, S. J. (Hrsg.): Wissen und Gewissen. Versuch einer Brücke, Frankfurt a.M., S. 134-148.

Foerster, H. von (1993): Prinzipien der Selbstorganisation im sozialen und betriebswirtschaftlichen Bereich, in: Schmidt, S. J. (Hrsg.): Wissen und Gewissen. Versuch einer Brücke, Frankfurt a.M., S. 233-268.

Foerster, H. von (1996): Erkenntnistheorien und Selbstorganisation, in: Schmidt, S.J. (Hrsg.): Der Diskurs des Radikalen Konstruktivismus, 7. Aufl., Frankfurt a.M., S. 133-158.

Gabler Wirtschafts-Lexikon (1988), Taschenbuch-Kassette, 12. Aufl., Wiesbaden.

Glasersfeld, E. von (1997): Radikaler Konstruktivismus. Ideen, Ergebnisse, Prozesse, Frankfurt a.M.

Göpfert, I. (1999): Stand und Entwicklung der Logistik - Herausbildung einer betriebswirtschaftlichen Teildisziplin, in: Logistikmanagement 1, Heft 1, S. 19-33.

Göpfert, I. (2000): Logistik Führungskonzeption. Gegenstand, Aufgaben und Instrumente des Logistikmanagements und –controllings, München.

Hagen, N./Springer, V./Stabenau, H. (2002): Gestaltungsfeld Prozessmanagement, in: Baumgarten, H./Stabenau, H./Weber, J./Zentes, J. (Hrsg.): Management integrierter logistischer Netzwerke. Bern, Stuttgart, Wien, S. 9-104.

Klaus, P. (1998): Jenseits einer Funktionenlogistik: Der Prozessansatz, in: Isermann, H. (Hrsg.): Logistik – Gestaltung von Logistiksystemen, 2. Aufl., Landsberg am Lech, S. 61-78.

Luhmann, N. (1982): Autopoiesis, Handlung und kommunikative Verständigung, in: Zeitschrift für Soziologie 11, Heft 4, S. 366-379.

Luhmann, N. (1987): Soziale Systeme. Grundriss einer allgemeinen Theorie, Frankfurt a.M.

Maturana, H.R. (1996): Kognition, in: Schmidt, S.J. (Hrsg.): Der Diskurs des Radikalen Konstruktivismus. 7. Aufl., Frankfurt a.M., S. 89-118.

Maturana, H.R. (1996a): Biologie der Sozialität, in: Schmidt, S.J. (Hrsg.): Der Diskurs des Radikalen Konstruktivismus. 7. Aufl., Frankfurt a.M., S. 287-302.

Maturana, H.R/Varela, F.J. (1991): Der Baum der Erkenntnis. Die biologischen Wurzeln menschlichen Erkennens. 2. Aufl., Bern, München.

Maturana, H.R./Varela, F.J./Uribe, R. (1974): Autopoiesis: The organisation of living systems, in: Biosystems 5, Heft 4, S. 187-196.

Ortmann, G. (1995): Formen der Produktion. Organisation und Rekursivität, Opladen.

Pfohl, H.-Chr. (2000): Logistiksysteme. Betriebswirtschaftliche Grundlagen. 6. Aufl., Berlin, Heidelberg, New York et al.

Pfohl, H.-Chr. (2000a): Supply Chain Management: Konzept, Trends, Strategien, in: Pfohl, H.-Chr. (Hrsg.): Supply Chain Management: Logistik plus? Logistikkette - Marketingkette - Finanzkette, Berlin, S. 1-42.

Roth, G. (1996): Autopoiese und Kognition: Die Theorie H.R. Maturanas und die Notwendigkeit ihrer Weiterentwicklung, in: Schmidt, S.J. (Hrsg.): Der Diskurs des Radikalen Konstruktivismus, 7. Aufl. (1. Aufl. 1987), Frankfurt a.M., S. 256-286.

Varela, F.J. (1996): Autonomie und Autopoiese, in: Schmidt, S. J. (Hrsg.): Der Diskurs des Radikalen Konstruktivismus, 7. Aufl. (1. Aufl. 1987), Frankfurt a.M., S. 119-132.

Willke, H. (1991): Systemtheorie. Eine Einführung in die Grundprobleme der Theorie sozialer Systeme, 3. Aufl., Stuttgart.

# 6 Supply Chain Simulation

*Sebastian Gabriel*[1]

## 6.1 Simulation

### 6.1.1 Begriffe

Der Verein Deutscher Ingenieure (VDI) gibt in der VDI Richtlinie 3633, Blatt 1 folgende Definition für Simulation vor: „Simulation ist die Nachbildung eines Systems mit seinen dynamischen Prozessen in einem experimentellen Modell, um zu Erkenntnissen zu gelangen, die auf die Wirklichkeit zurückzuführen sind. Insbesondere werden die Prozesse über die Zeit entwickelt". Bei Simulationen stehen insbesondere Untersuchungen zu Wirkungszusammenhängen in stochastischen Systemen im Mittelpunkt. Im Gegensatz zu exakten analytischen Verfahren stellt Simulation jedoch kein Verfahren dar, das automatisch zu einer optimalen Lösung führt. An die Stelle einer analytischen Lösung eines Problems tritt ein experimentelles „Ausprobieren einer Vielzahl von Möglichkeiten".[2] Das Verfahren der Simulation wird insbesondere dann eingesetzt, wenn analytische Verfahren versagen und/oder dynamische (zeitvariante) Sachverhalte untersucht werden.[3]

Das für eine Simulation notwendige Simulationsmodell wird durch Abstraktion und Reduktion des zu untersuchenden realen Systems gewonnen.[4] Die mittels Experimenten (Parametervariation/„Spielen") erhaltenen formalen Ergebnisse müssen dabei entsprechend interpretiert werden und Folgerungen für die Realität gezogen werden. Dies basiert auf dem Sachverhalt, dass die Ergebnisse eines Simulationslaufs zunächst nur Aussagen über das Verhalten des Modells und nicht unbedingt gleichzeitig über das Verhalten des realen Systems erlauben, da im Normalfall nur ein Teil aller möglichen Eingangsgrößen im Modell berücksichtigt wird.[5]

---

[1] Dipl.-Wi.-Ing. Sebastian Gabriel, Institut für Seeverkehrswirtschaft und Logistik, Bremen.
[2] Vgl. Neumann et al. (2002), S. 697.
[3] Vgl. Kuhn et al. (2004), S. A2-41.
[4] Vgl. Abbildung 17.
[5] Vgl. Scholz-Reiter et al. (2000), S. 142.

### 6.1.2 Simulationsarten

Simulationsmodelle lassen sich in folgende Kategorien einteilen:[6]

- Statische und dynamische Modelle
- Deterministische und stochastische Modelle
- Kontinuierliche und diskrete Modelle

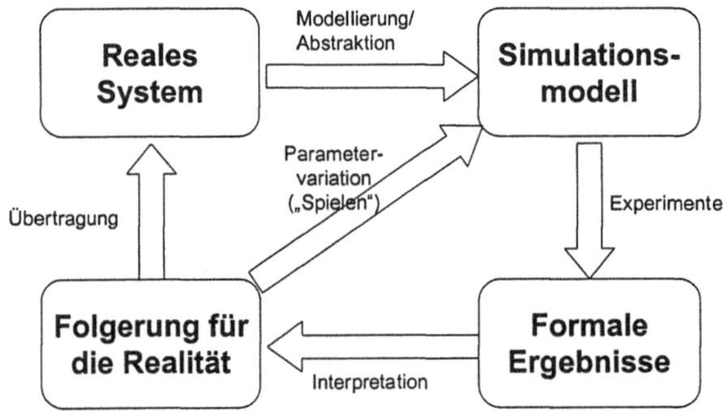


**Abb. 16: Anwendung der Simulation (in Anlehnung an ASIM 1997)**

Statische Modelle bilden den Zustand eines Systems zu einem bestimmten Zeitpunkt ab bzw. repräsentieren ein System, in dem das Zeitverhalten keine Rolle spielt.[7] Ein dynamisches Modell bildet ein System im Zeitverlauf ab.

Von deterministischen Modellen wird gesprochen, wenn das Modell keine Variablen bzw. Komponenten enthält, die einer Zufallsverteilung unterliegen. Sämtliche Daten und Entscheidungsregeln, die in die Simulation eingehen, lassen sich exakt vorhersagen.[8] Sobald sich in einem Modell Zufallsvariablen unter den Inputgrößen befinden, handelt es sich um ein stochastisches Modell.

Das konkrete Zeitverhalten eines (dynamischen) Systems entscheidet darüber, ob es sich bei dem korrespondierenden Modell um ein kontinuierliches oder ein diskretes Modell handelt. Ändern sich die Ausprägungen der Zustandsvariablen über die Zeit kontinuierlich, spricht man von einem kontinuierlichen Modell. Treten jedoch sprunghafte Änderungen der Systemparameter zu diskreten Zeitpunkten bzw. Ereignissen auf, handelt es sich um ein diskontinuierliches bzw. diskretes

[6] Vgl. Law et al. (2000), S. 5 f.

[7] Gemäß der VDI-Definition handelt es sich bei statischen Simulationsmodellen streng genommen nicht um Simulation, da die Modellierung der Zeit und die Umsetzung der Prozesse in eine zeitliche Abarbeitungsreihenfolge definitionsgemäß wesentliche Kriterien einer Simulation sind (vgl. Kuhn et al. (2004), S. A2-42).

[8] Vgl. Alicke et al. (2002), S. 5.

System. Die diskrete Simulation wird oft auch als ereignisorientierte bzw. ereignisdiskrete Simulation bezeichnet. Die Zustandsänderungen der Modellvariablen, die ihre Werte nur zu bestimmten Zeitpunkten (Ereignissen) ändern, definieren den Ablauf eines Simulationslaufs. Das Modell wird in diesem Sinne nur dann betrachtet, wenn sich Zustandsänderungen ereignen.[9]

### 6.1.3 Verifikation und Validierung

Bevor ein Modell für Untersuchungen eingesetzt werden kann wird es verifiziert und validiert. Bei der Verifikation wird der formale Nachweis der Korrektheit der erstellten Programmteile erbracht.[10] Bei der Validierung wird die hinreichende Übereinstimmung von Modell und Original überprüft. Bzgl. der Gültigkeit der anschließenden Experimente muss sichergestellt werden, dass das Modell hinsichtlich der strukturellen Beziehungen, des funktionalen Verhaltens und der verwendeten Datenbeschreibung das Verhalten des betrachteten Systems genügend genau und fehlerfrei widerspiegelt. Für die Validierung stehen dabei unterschiedliche subjektive (z.B. Animation, Sensitivitätsanalyse) und objektive (z.B. statistische Testverfahren) Verfahren zur Verfügung.[11]

### 6.1.4 Simulationswerkzeuge

Neben allgemeinen Programmiersprachen wie z. B. Java, Delphi oder C++ stehen für die Modellierung eines Systems spezielle Simulationssprachen wie z.B. GPSS, Simscript und SIMULA sowie auf dem Baustein-Konzept basierende Simulatoren wie z.B. Enterprise Dynamics oder eM-Plant zur Verfügung.

## 6.2 Simulation von Supply Chains

### 6.2.1 Anwendungen der Simulation in der Logistik

Das Verfahren der Simulation bietet im Bereich Logistik vielfältige Anwendungsmöglichkeiten. Insbesondere im Bereich der innerbetrieblichen Logistik wird Simulation bereits erfolgreich angewendet. Das gesamte Systemverhalten komplexer logistischer Anlagen wie z. B. eines Distributionszentrums oder ganzer Containerterminals lässt sich bereits im Vorfeld detailliert testen und bewerten.[12]

---

[9] Vgl. Law et al. (2000), S. 6 f.; Alicke et al. (2002), S. 5.
[10] Vgl. Kuhn et al. (2004), S. A2-56.
[11] Vgl. Kuhn et al. (2004), S. A2-56.
[12] Vgl. Pawellek et al. (2004), S. 62.

Neben der Planungsphase stellen wie in Abbildung 17 dargestellt auch die Realisierungs- sowie die Betriebsphase breite Anwendungsfelder dar.

Nutzenaspekte können hierbei u.a. der erzielte Sicherheitsgewinn durch Vermeidung von Fehlplanung und die Absicherung von Systemfunktionalitäten, Lösungsverbesserungen durch vereinfachte Systemstrukturen, verbessertes Systemverständnis sowie ein insgesamt günstigerer Anlagenbetrieb darstellen.[13]

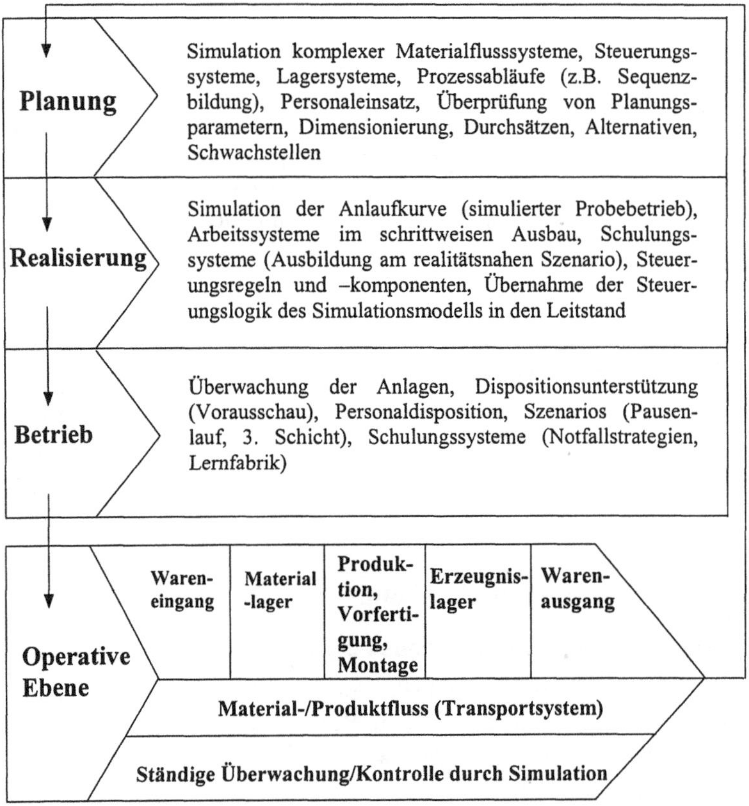


**Abb. 17: Simulation im Lebenszyklus von technischen Systemen (vgl. VDI Richtlinie 3633, Blatt 1)**

[13] Vgl. Kuhn et al. (2004), S. A2-44.

### 6.2.2 Simulation im Supply Chain Management

Ein interessantes und vielversprechendes Anwendungsgebiet für Simulation stellt die Gestaltung und das Management von Supply Chains dar. Supply Chain Management (SCM) beschreibt die ganzheitliche, unternehmensübergreifende Optimierung der Waren- und Informationsflüsse entlang der gesamten Wertschöpfungskette (Supply Chain) vom Rohstoff bis hin zum Endkunden.

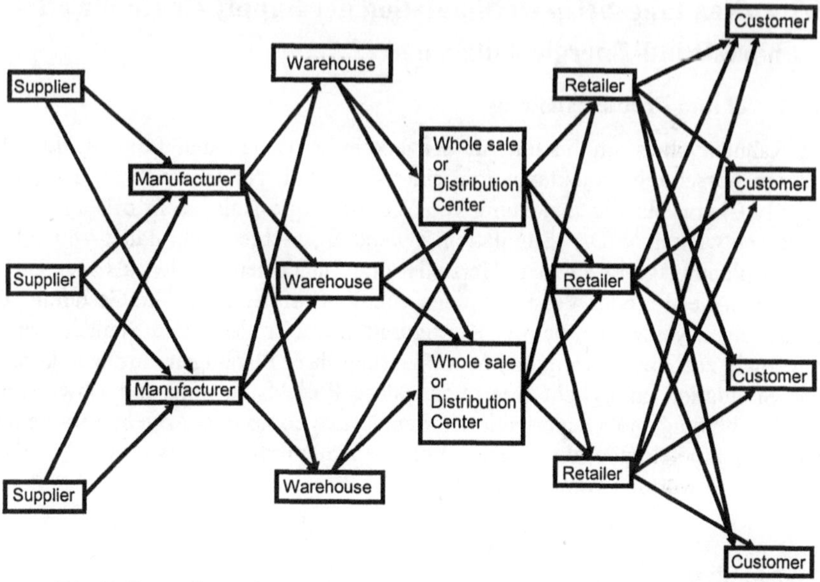


**Abb. 18: Darstellung einer typischen Supply Chain (vgl. Chang et al. 2001, S. 25)**

Das System Supply Chain ist durch eine Vielzahl von unterschiedlichen, oft gegenseitig abhängigen Einzelentscheidungen meist selbständig agierender Unternehmen geprägt. Die Auswirkungen bzw. der Einfluss der Entscheidungen eines Unternehmens auf die restliche Supply Chain wird jedoch im Normalfall erst bei der Realisierung von Plänen erkennbar. Bei der entsprechend in Supply Chains vorliegenden Komplexität, Intransparenz und Dynamik bietet sich die Anwendung des Simulationsverfahrens an.[14] Simulation ermöglicht eine Bewertung der Leistung bzw. des Verhaltens der Supply Chain bevor Entscheidungen realisiert werden.[15] Bei geeigneter Modellierung des realen Systems können so unterschiedliche Szenarien durchgespielt werden. Hierbei können beispielsweise

---

[14] Vgl. Scholz-Reiter et al. (2000), S. 134 ff.
[15] Vgl. Chang et al. (2001), S. 24.

alternative Netzwerkkonfigurationen, Bestellstrategien und der Einsatz verschiedener Transportmittel sowie die Auswirkungen von Unsicherheiten wie z.B. Maschinenstörungen oder Transportverzögerungen untersucht werden. Ein bekanntes Anwendungsfeld stellt z.B. die anschauliche Darstellung und Untersuchung des bekannten Bullwhip-Effekts in Supply Chains mittels Simulation dar.[16]

## 6.3 Anwendungsbeispiel: Simulation der Supply Chain für offshore-Wind-Energie-Anlagen

### 6.3.1 Ziel und Problemstellung

Im Rahmen eines am Institut für Seeverkehrswirtschaft und Logistik durchgeführten Forschungsprojektes wurde eine Simulation zur Überprüfung möglicher Supply Chains für die Errichtung von Wind-Energie-Anlagen in offshore-Windparks entwickelt.[17] Die Simulationsanwendung richtet sich dabei sowohl an Projektplanungsgesellschaften, Hersteller und Standortentwickler, als auch an Logistikdienstleister oder Versicherungen, die die Simulation für die Gestaltung der logistischen Netzwerke, bei der Konfiguration der Prozesse und Standortstrukturen sowie zur Absicherung und Modifizierung ihrer Planungen einsetzen können. Die Simulation ermöglicht eine reibungslose Projektsteuerung und -abwicklung, die Erarbeitung branchenorientierter Standortangebote, die Angebotserarbeitung von Projektbeteiligten, die Organisation der Hafenprozesse sowie die Identifizierung und Bewertung von Projektrisiken.

### 6.3.2 Modell

Auf Grund der hohen Untersuchungsrelevanz des zeitlichen Verlaufs der Supply Chain-Zustände (zeitvariantes Verhalten) und des Einflusses stochastischer Elemente sowie der Notwendigkeit der Darstellung von Synchronisationen und Nebenläufigkeiten wurde ein ereignisdiskretes, dynamisches stochastisches Simulationsmodell entwickelt. Als Entwicklungsumgebung wurde das objektorientierte Simulationswerkzeug eM-Plant 7.0 von Tecnomatix verwendet.

Das Modell bildet mehrere Ebenen ab (vgl. Abbildung 19). Die Netzwerkebene beschreibt die räumliche Zuordnung von Montage-, Lager-, Produktions- und Umschlagknoten bzw. ihre Position innerhalb des hinterlegten Wegenetzwerkes und damit die Struktur des zu modellierenden Systems Supply Chain. Dementsprechend findet in dieser Ebene das räumliche Netzwerkdesign bzw. die Trans-

[16] Vgl. Beyer et al. (2004).
[17] Vgl. Gabriel et al. (2006).

portplanung statt. Durch die Unterebene Standortebene besteht die Möglichkeit innerhalb eines Offshore-Basishafens ein eigenes Unternetzwerk der genannten Knoten zu erstellen. Analog zu der (Haupt-) Netzwerkebene können auch hier Knoten innerhalb eines Wegenetzwerkes räumlich angeordnet werden. Die Prozessebene beschreibt die Planung der knotenspezifischen Prozesse. Umschlag-, Produktions- und Montageprozesse können dabei detailliert über ihre Teilprozesse mit dem jeweiligen Zeit- und Ressourcenbedarf (Inputfaktoren) beschrieben werden.

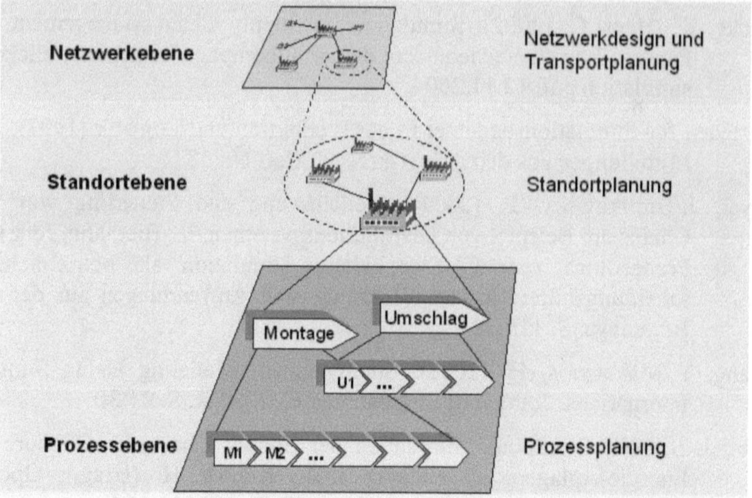


**Abb. 19: Modellebenen (Quelle: eigene Darstellung)**

### 6.3.3 Auswertung

Zur Bewertung eines Simulationslaufs einer Supply Chain können die entstandenen Logistikkosten (Transport-, Umschlag- und Lagerkosten), die Wartezeiten der Produktions-, Montage- und Transportaufträge sowie die Auslastung der Ressourcen berechnet werden. Entsprechend können unterschiedliche Supply Chain Konfigurationen verglichen und Engpässe u.a. bzgl. der Lagerkapazitäten sowie der Ressourcenausstattung identifiziert werden. Des Weiteren können unterschiedliche Wetterszenarien gestestet und ihre Auswirkungen auf die Performance der Supply Chain bewertet werden.

Unter Beachtung des nicht zu vernachlässigbaren notwendigen Aufwands bei der Konzeption und Entwicklung des Untersuchungsmodells kann die Simulation ein effektives Mittel bei der Planung und Untersuchung unterschiedlichster Supply Chains darstellen. Entscheidend ist hierbei die in der Konzeptionsphase zu treffende Entscheidung welche Systemeigenschaften hinsichtlich der zu untersuchenden Fragstellungen detailliert im Modell abgebildet werden müssen und welche Eigenschaften abstrahiert werden können. Des Weiteren muss die vor Simulationsexperimenten meist zeitaufwendige Beschaffung der erforderlichen validen Inputdaten berücksichtigt werden. Die erhaltenen, zu interpretierenden Simulationsergebnisse können dann eine wertvolle Grundlage für Entscheidungen darstellen.

## Literaturverzeichnis

Alicke, K. /Heer, C. (2002): Simulation im Supply Chain Management, White Paper, http://www.icon-scm.de/portal/hompage/whitepaper/alicke-heer-simulation.pdf, 12.11.2004.

Leitfaden für Simulationsbenutzer in der Produktion und Logistik (1997): ASIM-Mitteilungen aus den Arbeitskreisen, Heft Nr. 58.

Beyer, J./Gmilkowsky, P. (2004): Modellierung und Steuerung von Supply Chains am Beispiel von Distributionssystemen, in: Biethahn, Jörg (Hrsg.) Proceedings zum 9. Symposium: Simulation als betriebliche Entscheidungshilfe: Neuere Werkzeuge und Anwendungen aus der Praxis, Braunlage, S. 115-135.

Chang, Y./Makatsoris, H. (2001): Supply Chain Modeling Using Simulation, International Journal of Simulation Vol. 2 No. 1, S. 24-30.

Gabriel, S./Boll, C. (2006): Simulation der Supply Chain für Offshore-Wind-Energie-Anlagen, in: Haasis, H.-D., Kopfer, H. (Hrsg.): Operations research proceedings 2005, Springer, Berlin, S. 111-116.

Kuhn, A./Wenzel, S. (2004): Simulation logistischer Systeme, in: Arnold, D. et al. (Hrsg.): Handbuch Logistik, 2., aktualisierte und korrigierte Auflage, Springer, Berlin, S. A2-41- A2-61.

Law, A. M./Kelton, W. D. (2000): Simulation Modeling and Analysis, 3. Auflage, McGraw-Hill, Boston.

Neumann, K./Morlock, M. (2002): Operations Research, 2. Auflage., Carl Hanser Verlag, München.

Pawellek, G./Schönknecht, A. (2004): Simulation in Planung und Betrieb logistischer Systeme, Logistik für Unternehmen 9/2004.

Scholz-Reiter, B./ Münster, C./ Jakobza, J. (2000): Supply Chain-Simulation für kleine und mittlere Unternehmen, in: Lawrenz, O. et al. (Hrsg.): Supply Chain Management: Strategien, Konzepte und Erfahrungen auf dem Weg zu E-Business Networks, Vieweg, Wiesbaden, S. 133-143.

# 7 Nachhaltiges Umweltmanagement in der Logistik

*Thomas Landwehr*[1]

## 7.1 Motivationen zum nachhaltigen Umweltmanagement in der Logistik

Das Forschungsfeld nachhaltiges Umweltmanagements und Energieeffizienz in der Logistik wird durch vielfältige Motivationen gestützt, welche in folgendem Schaubild unter dem Aspekt volkswirtschaftliche, betriebswirtschaftliche und gesellschaftliche Motivationen zum energieeffizienten Wirtschaften in der Logistik verdeutlicht werden. Volkswirtschaftlich gesehen führt als erste Motivation die Globalisierung zu weltweiten ökonomischen Verflechtungen, welche einen weltweit steigenden Bedarf an Gütertransporten zur Folge hat. Im Zuge der Globalisierung wachsen seit Jahren die Transportmengen, die Transportentfernungen und die Transportverflechtungen. Demzufolge steigt der Energiebedarf in der globalen Transportwirtschaft.

Für Transport- und Speditionsunternehmen führen unter dem Aspekt der betriebswirtschaftlichen Motivation ein wachsender Wettbewerb, zunehmende Serviceanforderungen durch Outsourcing aus der Industrie und der wachsende Energiebedarf zu steigenden Anteilen der Energiekosten an den unternehmerischen Gesamtkosten. Dem gegenüber stehen sinkende Transportpreise durch den hohen Wettbewerb, die wachsende Steuerlast in Deutschland und die rasant steigende Entwicklung der Energiepreise, insbesondere des Rohölpreises. Dies hat zur Folge, dass bei einem Transportunternehmen gegenwärtig allein die Treibstoffkosten für den Fuhrpark 30 % der unternehmerischen Gesamtkosten betragen und der finanzielle Druck auf die Unternehmen weiter wächst.

Der dritte Aspekt einer gesellschaftlichen Motivation besteht durch wachsende Umwelteffekte auf Grund steigender Transportaufkommen (in t) bei gleichzeitig wachsenden Transportleistungen (in Tkm). Demzufolge steigen die in der Transportwirtschaft verursachten Klimagas- und Schadstoffemissionen wie $CO_2$, NOx und Feinstaub. Die Folge sind eine steigende Belastung der Umwelt und eine mögliche Einschränkung der Lebensqualität, welche externe Umwelt- und Gesundheitskosten verursachen.

Die dargestellten Motivationen geben daher Anlass, eine Forcierung von nachhaltigem Umweltmanagement und Energieforschung im Bereich der Logistik voranzutreiben.

---

[1] Dipl.-Geogr. Thomas Landwehr, Institut für Seeverkehrswirtschaft und Logistik, Bremen.

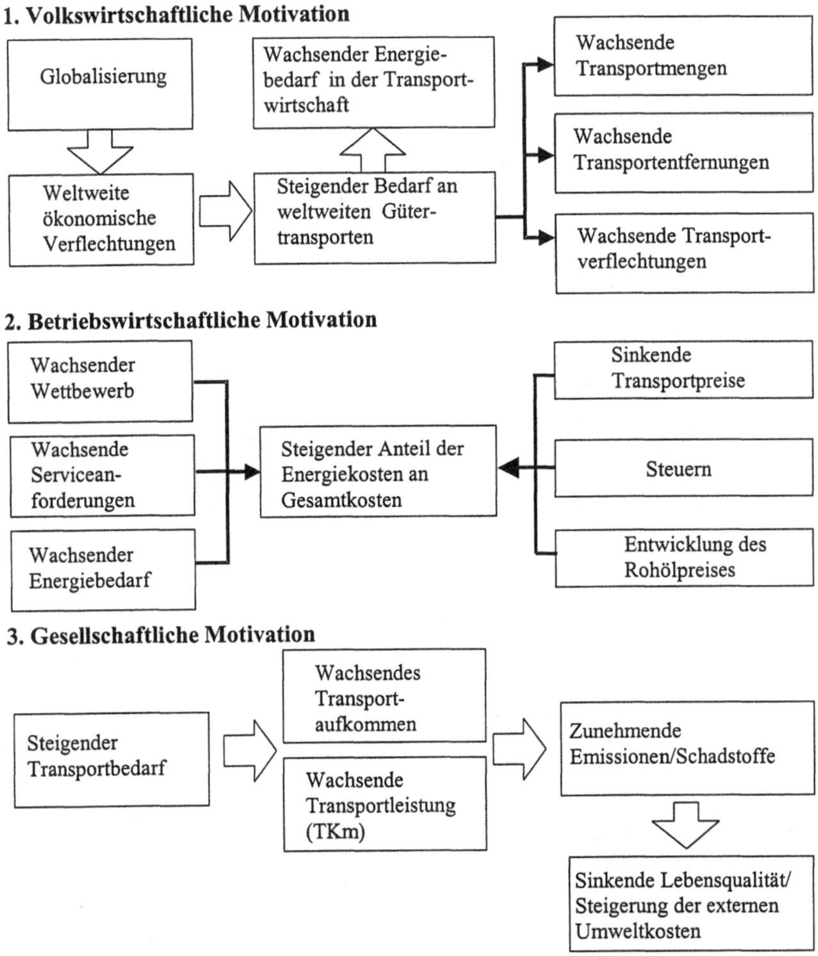


**Abb. 20: Motivationen zum nachhaltigen Umweltmanagement in der Logistik**

## 7.2 Umweltproblematik in der Logistik

Die Umweltproblematik in der Logistik ist direkt in Verbindung zu sehen mit den logistischen Aufgaben Transport, Umschlag und Lagerung, und zwar sowohl innerbetrieblich als auch entlang der gesamten Supply Chain und logistischen Netzwerken. Umweltbereiche sind inputorientiert Energieverbräuche, outputorientiert logistisch induzierte Emissionen (fest, flüssig, gasförmig). Emissionen können oftmals direkt an die Energieverbräuche gekoppelt werden. Zur Lösung der Umweltproblematik kommen neben fuhrpark- und gebäudetechnischen Maßnahmen insbesondere auch dispositiv-organisatorische Maßnahmen als auch verhaltensbedingte Maßnahmen der beteiligten Akteure in Frage. Diese können durch Auflagen und Grenzwerte, marktwirtschaftliche Instrumente und Selbstverpflichtungen ausgelöst werden. Die hinter der Logistik stehenden Potentiale zur Verminderung von Umweltproblemen sind groß. Daher empfiehlt es sich, insbesondere hier auf adäquate Managementansätze Wert zu legen. Diese haben die Besonderheiten des Logistiksektors zu beachten (Akteursvielzahl, Maßnahmenportfolio, inner- und überbetriebliche Lösungen, Kooperationen entlang der logistischen Kette, technische, organisatorische und verhaltensbedingte Ansätze, regionale, nationale und internationale Aspekte).

Der Verkehrssektor ist hinsichtlich des Energiebedarfs der zweitbedeutendste Sektor neben dem Sektor der privaten Haushalte. Die Globalisierung hat dazu beigetragen, dass Angebots- und Nachfragestandorte weltweit bestehen. Dies hat Auswirkungen auf den weltweiten Güteraustausch, welcher seit Jahren wächst. Sowohl das Transportvolumen als auch die Transportentfernungen haben durch die voranschreitende Vernetzung von Märkten stark zugenommen. Dies ist insbesondere durch das anhaltend starke Wachstum des Güterverkehrs auf See und den Umschlag in den Seehäfen, vor allem im Containerbereich ersichtlich. Jedoch auch im Hinterlandverkehr und im grenzüberschreitenden Transport wächst das Transportvolumen. Der Energiebedarf und das Emissionsvolumen für die Transportabwicklung im Güterverkehr wächst im Zuge dieser Entwicklung.

In Europa nimmt der Güterverkehr auf Grund der zunehmenden Vernetzung des wachsenden Binnenmarktes und der Öffnung in Richtung Osteuropa erheblich zu. Die Bundesrepublik Deutschland ist seit der Öffnung der Grenzen im EU-Binnenmarkt und der EU-Osterweiterung als Transitland von zunehmendem Straßengüterverkehr betroffen. Daher ist der Güterverkehr in der Bundesrepublik Deutschland unter Umweltgesichtspunkten von besonderer Bedeutung.

Hohe $CO_2$- und Feinstaubemissionen werden im Hinterlandverkehr und auch im grenzüberschreitenden Verkehr maßgeblich durch großvolumige Dieselmotoren der LKWs generiert. Jedoch auch alternative Verkehrsträger wie Schiene und Binnenwasserstraße bzw. Kurzstreckenseeschiff tragen zu unterschiedlichen Umweltbelastungen im Güterverkehr innerhalb Deutschlands und der EU bei. Hier sind insbesondere Größendegressionseffekte durch größere Ladungsvolumina zu berücksichtigen.

Vor dem Hintergrund der dargestellten Entwicklung rücken Logistikunternehmen des gesamten Spektrums, und nicht allein Transportunternehmen, im Hinblick auf

Umweltfragestellungen vermehrt in den Fokus. Insbesondere ist der Energieverbrauch in der Logistik ein bedeutender umweltrelevanter Faktor.

Logistikunternehmen sind vor dem Hintergrund der Umweltrelevanz in dreierlei Hinsicht von Bedeutung:

- Lagergebäudebezogene Umweltrelevanz
- Transportmittel- bzw. fahrzeugbezogene Umweltrelevanz
- Logistische Organisation und deren Auswirkungen auf die Umwelt

Die Energiepreisentwicklung erschwert insbesondere auch die Situation von kleineren und mittelständischen Fuhrunternehmen. Für einen mittelgroßen Transportdienstleister im Straßencontainertransport entfallen mittlerweile 30 % der Gesamtkosten auf den Kraftstoffbedarf.

Ziel ist es, durch geeignete Projekte gerade auch für KMU eine Win-Win-Situation zwischen Umweltbelangen und unternehmerischer Umwelt- und Energieeffizienz zu gestalten.

Innovative techno-organisatorische Lösungen unterstützt durch Umweltmanagementsysteme sollen dazu beitragen, den Energieverbrauch in der Logistik zu senken, Emissionen zu mindern und dadurch die Umwelt nachhaltig zu schonen. Diese Lösungen können – wie auch in anderen Wirtschaftsbereichen nachgewiesen - zusätzliche Beschäftigungseffekte erzielen.

## 7.3 Vorstellbare Forschungsansätze

Folgende Forschungsansätze sind denkbar:

1. Umweltmanagement für Häfen
2. Umweltmanagement für Logistikunternehmen, insbesondere KMU
3. Unternehmensübergreifendes Umweltmanagement für die gesamte Supply Chain
4. Umweltmanagement in internationalen Logistiknetzwerken

### 7.3.1 Umweltmanagement für Häfen

Hafenareale sind von besonderer Umwelt- und Energierelevanz. Während des Be- und Entladevorganges werden etwa Hilfsdieselmotoren für den Schiffsbetrieb während der Liegezeiten benötigt, welche umweltrelevante Emissionen verursachen. Hafenschlick, Antifouling und Ballastwassermanagement sind Themenfelder, welche bei Revierfahrten und beim Hafenumschlag direkte umweltrelevante Prozesse auslösen. Jedoch spielt auch die Energiefragestellung insbesondere in Containerterminals, u.a. im Zusammenhang mit Umschlagprozessen, eine wesentliche Rolle. In erster Linie handelt es sich daher bei Containerterminals um den Bedarf an Strom für Kräne und Containerbrücken und um Treibstoff für Terminaltrucks, Van Carrier etc. .

Ziel ist es, unterstützt durch ein Umweltmanagementsystem für alle in Hafenarealen beteiligten Akteure, betriebliche Voraussetzungen zu schaffen, in Kooperation oder eigenständig umweltrelevante Prozesse in Häfen zu analysieren, Emissionen zu mindern und den Energiebedarf für Hafenprozesse zu senken. Dabei sind beispielsweise sowohl direkte $CO_2$-Einspareffekte durch die Reduzierung des korrespondierenden Kraftstoffverbrauchs bei Fahrzeugen angestrebt als auch indirekte $CO_2$-Einsparungen über Einsparmaßnahmen bei Stromverbräuchen etwa in Umschlagterminals. Ggf. lassen sich Kompensationslösungen durch Kooperation für bestimmte Emissionsgruppen realisieren. Der Fokus bei diesem Ansatz umfasst die Betrachtung einzelner Terminalbetreiber bis hin zum gesamten Hafenbetrieb.

Ein Ansatz für ein Umweltmanagementsystem für Häfen könnte nachhaltig dazu beitragen, die Energie- und Umwelteffizienz in See- und Binnenhäfen zu steigern.

Betrachtet werden

- Hafensuprastrukturen (Containerbrücken, Kräne und Gebäude),
- Fahrzeuge (Terminal Trucks, Stapler, Reachstacker und Van Carrier usw.),
- Hafenorganisation (Weg- und Ablaufoptimierung),
- Schnittstellenmanagement zu Hinterlandrelationen.

Innovative technische und organisatorische Maßnahmen können dazu beitragen, sowohl im Fahrzeugbereich als auch im Hinblick auf die energieintensive Suprastruktur direkt und indirekt ($CO_2$-) Emissionen zu reduzieren. Durch Moderation und IT-Einsatz könnte die Hafenablauforganisation unter dem Gesichtspunkt eines nachhaltigen Umweltmanagements analysiert und weiter optimiert werden. Ebenfalls sind neuere Methoden des Wissensmanagements auf ihre Anwendbarkeit zu überprüfen.

### 7.3.2 Umweltmanagement für Logistikunternehmen, insbesondere KMU

Ein weiterer Ansatz ist die Entwicklung und Umsetzung eines Umweltmanagementsystems für Logistikunternehmen, insbesondere KMU. Dieses geht konform mit der Logistikinitiative der Bundesregierung zur Stärkung des Wirtschaftsstandortes Deutschland. Hierbei ist es auch aus Innovationsgesichtspunkten wesentlich, nicht nur lediglich Logistikeffizienz in den Abläufen zu erzielen, sondern die Chance zu erkennen und zu realisieren, nachhaltige Maßnahmen zur Verbesserung der Umweltperformance auch in Logistikunternehmen zu erzielen. Dadurch würde einen Beitrag zu Verbesserung des Image, dass dieser Wirtschaftsbereiches bezüglich Innovationskraft und Zukunftsverträglichkeit etabliert hat, leisten. Auch hier ist das Thema Energie ein bedeutender Bestandteil des Umweltmanagements, welches im Zusammenhang mit Transport-, Umschlag- und Lagerungsprozessen zu sehen ist. Es ergeben sich Ansatzpunkte bezogen auf die Gebäudetechnik, das Transport- und Fuhrparkmanagement sowie die logistische Organisation. Ziel eines Umweltmanagementsystems ist es, umweltrelevante Geschäftsprozesse eines Logistikunternehmens zu identifizieren und zu analysieren sowie Umwelt- und Energieeffizienzpotenziale an definierten Stellen aufzuzeigen.

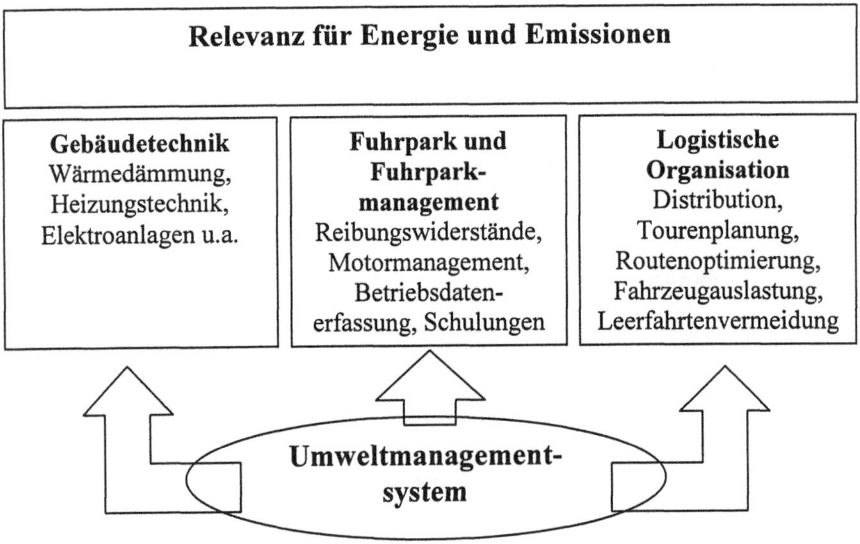


**Abb. 21: Einfluss eines Umweltmanagementsystems**

Geeignete Maßnahmen für ein nachhaltiges Umweltmanagement sollten in die Geschäftsprozesse der Logistikunternehmen integriert werden. Inwieweit eine

Berücksichtigung im Emissionshandel sich anbieten würde, bleibt zu prüfen. Als Maßnahmen kommen sowohl technische als auch organisatorische Maßnahmen in Betracht. Organisatorische Maßnahmen zielen oftmals auf kooperative Lösungen ab, etwa im Zusammenhang mit Groupage-Ansätzen oder intermodalen Lösungen. Der Focus dieses Ansatzes liegt auf den durch die Logistikunternehmen selbst zu entscheidenden betrieblichen Sachverhalten.

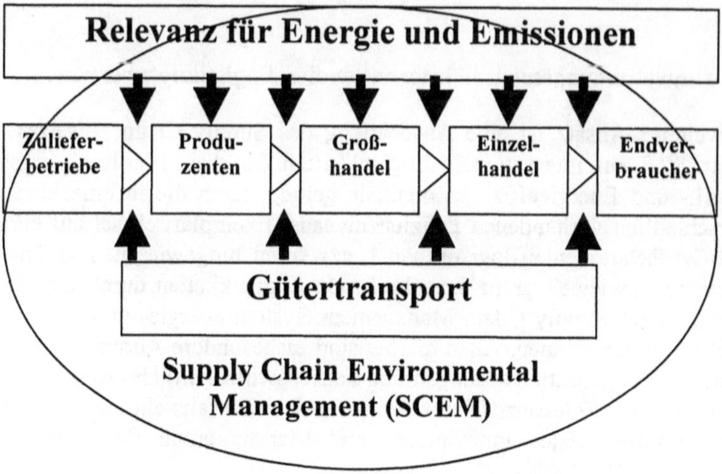


**Abb. 22: Supply Chain Environmental Management**

### 7.3.3 Unternehmensübergreifendes Umweltmanagement für die gesamte Supply Chain

Ein unternehmensübergreifendes Umweltmanagement für die gesamte Supply Chain hat zum Ziel, eine ganzheitliche Optimierung der Umweltwirkungen in der Wertschöpfungskette zu erreichen. Exemplarisch sei bezüglich der Relevanz auf die logistische Kühlkette für Lebensmittel verwiesen. Hierbei sind insbesondere Anreizmaßnahmen, kooperative Kompensationslösungen und betriebswirtschaftliche Ausgleichsmodelle von Relevanz. Dieser Ansatz ist insoweit wesentlich, als heute und auch künftig vermehrt nicht nur einzelne Akteure in der logistischen Kette im Wettbewerb zueinander stehen, sondern vielmehr ganze Logistikketten. Dieses zeigt sich an der Tendenz zu Konzentrationsprozessen in der internationalen Logistik und zur Realisierung von sogenannten 4PL-Unternehmen. Ebenfalls sind die derzeit auf EU-Ebene stattfindenden Diskussionen zu einem Qualitätssiegel für Logistiklösungen zu berücksichtigen. Diese müssen u.E. Energie- und Umweltkriterien mit integrieren. Besonders zu berücksichtigen sind die oftmals bewusst begünstigten Vor- und Nachläufe der schienen- und wassergebundenen Logistikkette. Entsprechend in das Unternehmensumfeld entscheidungs- und datentechnisch integrierte Geschäfts- und Monitoringmodelle für derartige Supply Chain Ansätze stehen noch aus. Im Rahmen eines solchen Umweltmanagementsystems könnten auch Voraussetzungen zur Berücksichtigung im Emissionshandel integriert werden. Dieser Ansatz ist zunächst auf regionale und nationale Logistikketten begrenzt.

### 7.3.4 Umweltmanagement in internationalen Logistiknetzwerken

Als weiterer Ansatz ist eine Ausdehnung des Supply Chain Ansatzes aus Abschnitt 7.2.3 auf internationale Logistikketten denkbar. Hierdurch ergeben sich Umwelt- und Energieeffizienzpotentiale gerade durch die in einzelnen Ländern unterschiedlich vorhandenen Effizienzniveaus. Exemplarisch sei auf europäische West-Ost-Relationen in logistischen Netzwerken hingewiesen. Die Themenstellung wäre, inwieweit grenzüberschreitende Logistikketten durch ein integriertes internationales Supply Chain Management System energie- und umwelteffizient gestaltet werden können. Auch hierbei sind insbesondere Anreizmaßnahmen, kooperative Kompensationslösungen und betriebswirtschaftliche Ausgleichsmodelle von besonderer Relevanz. Dieser Ansatz ergibt ebenfalls ein nicht zu unterschätzendes internationales Innovations- und Marktpotential für Unternehmen in Deutschland.

# 8 GIS als betriebliche Unterstützung in intermodalen Transportketten

*Sabine Hustedt*[1]

## 8.1 Hintergrund

Transport ist eine Teilaufgabe der Logistik. Transport kann uni-, multi- oder intermodal stattfinden. Intermodaler Transport wird betrachtet als die effiziente Bewegung von Gütern von Tür zu Tür, wobei zwei oder mehrere (verschiedene) Transportarten in einer Transportkette integriert werden (v.a. LKW, Schiff, Bahn, Flugzeug). In intermodalen Transportketten stehen die Transportmodi zum einen physisch miteinander in Beziehung, d.h. dass eine Fracht (in diesem Fall: der Container) von ihrem Ursprungsort zu einem Endpunkt transportiert wird, wobei verschiedene Transportmittel eingesetzt werden. Zum anderen stehen sie auch informationstechnisch miteinander in Verbindung, da während des Transports eine beträchtliche Menge an Daten und Informationen generiert wird.

Sowohl die Transportarten als auch die Daten der zu transportierenden Fracht müssen miteinander verknüpft werden, damit die Fracht zu einer bestimmten Zeit (d.h. zum vereinbarten bzw. angegebenen Termin) am vorgesehenen Endpunkt ankommt, wie es z.B. bei KEP-Diensten[2] oder Just-in-Sequence-Produktionen besonders zu berücksichtigen ist. Diese Verknüpfung erfordert eine (sehr) präzise zeitliche und örtliche Abstimmung des Containers bzw. der Transporteinheit, der an einer Transportkette beteiligten Personen und der dabei zu bearbeitenden Informationen. Eine präzise Abstimmung wird durch die Tatsache erschwert, dass der physische Warenfluss unidirektional ist, während die Informationen netzartig kommuniziert werden.

Geo-Informationssysteme haben allgemein das Potential, die zeitliche und örtliche Abstimmung der verschiedenen Transportarten zu optimieren, da Transport räumlich-geographische Fragestellungen und Entscheidungen berührt. Die Daten werden mittels GIS nicht nur erfasst, sondern können auch gefiltert, analysiert, zu verständlichen Informationen redigiert und alphanumerisch oder graphisch präsentiert werden.

Durch den Einsatz von GIS bzw. Geo-Informationen in einer intermodalen Transportkette können die Logistikleistungen von einzelnen Firmen beim Transport und

---

[1] Sabine Hustedt, M.Sc., Maritime Logistics-ISSUS Hamburg

[2] KEP = Kurier und Express Dienst. Weitere Abkürzungen befinden sich im Abkürzungsverzeichnis am Ende dieses Artikels.

an den Schnittstellen (z.B. Hafen) erhöht werden. Dadurch, dass sie die intermodale Transportkette realweltadäquat und räumlich konsistent modellieren, die Informationsbeschaffungszeiten (deutlich) reduzieren und den dargestellten Objekten Attribute zuordnen können, wird die Datenqualität und die Informationsbereitstellung verbessert. Dadurch unterstützen Geo-Informations-Systeme die Entscheidungsfindung auf operativer und Management-Ebene. Als Folge davon können außerdem die logistischen Prozesse in einer intermodalen Transportkette optimiert werden, wie es mit den sog. Spatial ERP Systemen gemacht wird. GIS bietet mit einem effektiven und bruchfreien Informationsfluss zusätzlich einen Service, der vom Kunden meist als positiv wahrgenommen wird (z.B. Lieferzuverlässigkeit, Lieferflexibilität, kurze Lieferzeit).

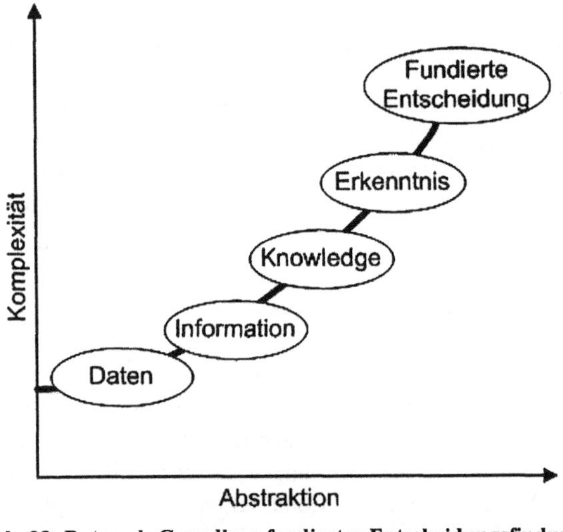


**Abb. 23: Daten als Grundlage fundierter Entscheidungsfindung (vgl. Bernhardt 2002, S. 36, nach A. Andersen)**

Ende Juni diesen Jahres kam es im Hamburger Hafen zu einer Kollision eines Chemikalien-Tankers mit einem Containerschiff. Dabei sank der Tanker, und fast die komplette Ladung an Schwefelsäure lief aus. Die Havarie hatte zahlreiche Maßnahmen zur Folge, z.B. wurden wegen der Säure angrenzende Flächen evakuiert, Container wurden aus den gefährdeten Gebieten herausgefahren und umgestapelt, Liegeplätze wurden gesperrt, die Arbeit an Containerbrücken musste z.T. ruhen und Schiffe mussten aufgestoppt werden.

Mit einem GIS kann man u.a. diese Maßnahmen koordinieren. Z.B. können die Sperrungen rechtzeitig angekündigt werden oder der Personal- und Techniekeinsatz geplant werden, da ein GIS in speziellen Übersichts- und Detailkarten Auskunft gibt, an welcher Stelle welcher Schaden entstanden ist, für den man welche bzw. wie viele Beseitigungsgeräte oder Personen benötigt.

GIS könnte auch bei der Analyse der Bergungsmaßnahmen eingesetzt werden, wenn man die Daten für den Bergungseinsatz erfasst und mit dem geplanten Einsatz vergleicht. GIS böte hier z.B. visuelle Unterstützung des örtlichen und zeitlichen Ablaufs der Bergung sowie der Rekonstruktion des Unfallvorgangs durch Visualisierung (z.B. Animation und 3D-Darstellung).

Das Aufstoppen der Schiffe und das Ruhen der Arbeit an den Containerbrücken zog verschiedene Konsequenzen mit sich: Ladung konnte nicht gelöscht werden, und die nachfolgenden Transportmittel konnten eine Zeit lang nicht eingesetzt werden. Für die Transporteure bedeutete dies, Ladung vom Schiff auf andere Transportmittel an anderer Stelle umzuladen (z.B. sensible Güter wie Kühlgüter oder terminierte Fracht), Schiffe umzuleiten oder die aufgestoppten Schiffe warten zu lassen. Durch diese unvorhergesehenen Verzögerungen im Anlauf des Schiffes muss eine neue ETA zielgenau und schnell die richtigen Stellen erreichen, um dort sofort Modifikationen des Ressourcenmanagements zu erlauben; dabei sind v.a. die Personalressourcen zu bedenken (z.B. Containerbrücken-, Van Carrier-, Straddle Carrier-, Reach Staker-Fahrer und Stauer), die, einmal geordert, bezahlt werden müssen, egal ob das Schiff am Liegeplatz ist oder nicht.

GIS kann hier eingesetzt werden, um durch Berechnung und Weitergabe der neuen ETA die Kommunikationsstrukturen zwischen den Beteiligten auf operativer Ebene zu verbessern und die Entscheidungsfindung auf dispositiver Ebene zu erleichtern.

Wie das aktuelle Beispiel aus dem Hamburger Hafen zeigt, hat GIS ein hohes Anwendungspotential im Transportbereich und darüber hinaus. Dieses Anwendungspotential gewinnt zusätzlich an Bedeutung, wenn man bedenkt, dass das Transportwesen nur ca. 4% des weltweiten GIS-Marktes ausmacht.[3]

## 8.2 Logistische Prozesse und Probleme in intermodalen Transportketten

Geo-Informationssystemen können als Entscheidungshilfe-Tool für Betriebe zur Optimierung logistischer Prozesse in intermodalen Transportketten eingesetzt werden. Daraus ergeben sich mehrere Fragen, u.a.:

---

[3] Vgl. Bernhardt (2002), S. 81.

- Welche Betriebe sind gemeint und welche logistischen Prozesse laufen bei ihnen ab?
- Welche Probleme treten in intermodalen Transportketten auf, bei denen eine Entscheidung getroffen werden muss?
- Was bedeutet Optimierung und welchen Einfluss hat ein GIS dabei?

### 8.2.1 Akteure

An einer Transportkette sind verschiedene Akteure oder Personen beteiligt. Das sind im Allgemeinen Versender/Produzent, Rohstofflieferant, Empfänger, Transporteur, Verlader, Agenten, Logistikdienstleister, ggf. Subdienstleister, 4PL, 3PL, Behörden, u.a. wie z.B. Spediteure, Binnenschiffer, Reedereien, Verkehrszentralen, Zoll und Lotsen.

Je nach Größe des Betriebs unterscheidet man intern bzw. innerbetrieblich auch noch nach Disponenten, QMB, Fahrer, Systemadministratoren, etc.

### 8.2.2 Prozesse im Terminal und beim Transport

Für den Transport eines Containers müssen verschiedene Prozesse berücksichtigt werden. Man unterscheidet dabei zwischen den Kernprozessen *Terminalbetrieb* und *Transport*. Diese werden noch weiter differenziert und in Teilprozesse aufgeteilt, die auf dispositiver und operativer Ebene stattfinden, (vgl. Tabelle 17).

### 8.2.3 Probleme

Folgende Probleme können beispielsweise bei der Planung, Durchführung und Analyse eines Transports auftreten:

- Kosten, Gebühren
- Verspätungen, Abweichungen vom Fahrplan (z.B. durch ungünstige Wetterverhältnisse, Unfälle)
- Wartezeiten der Fahrer (z.B. durch Verspätungen)
- Beschädigung der Ware beim Transport/Verladen (führt zu Qualitätsverlust)
- Kommunikationsprobleme (z.B. durch ungleiche technische Ausrüstung)
- Mangelnde Motivation/Qualifikation der Mitarbeiter/innen
- Aufwendige gesetzliche Regularien, Vorschriften (z.B. bestimmte Zollvorschriften), Formalitäten (z.B. ISPS Code)

- Verlust an gesellschaftlichem Ansehen (Imageverlust) durch Unzuverlässigkeit

Einbeziehung aller Teilnehmenden an der Transportkette (gemeinsame Informationsplattform)

**Tab. 17: Auflistung von Beispielen für Kernprozesse in intermodalen Transportketten und den dazu gehörigen Teilprozessen auf dispositiver und operativer Ebene (in Anlehnung an Delfmann/Reihlen 2003, S. 250)**

| Kernprozesse | Teilprozesse auf dispositiver Ebene (planend, steuernd, koordinierend) | Teilprozesse auf operativer Ebene (praktisch, aktiv, d.h. eigentlicher Warenfluss, physischer Transport) |
|---|---|---|
| Terminalbetrieb | • Warenumschlag<br>• Zollkontrolle<br>• Warehousing<br>• Personalplanung<br>• Liegeplatzplanung<br>• Technik-Einsatzplanung | • Einsatz von Ladekranen<br>• Be- und Entladen<br>• Inspektion der Ware<br>• Dokumentation (z.B. Wareneingang)<br>• Zollabfertigung<br>• Transportartenabstimmung |
| Transport | • Transportplanung<br>• Routenplanung<br>• Tourenplanung<br>• Kapazitätsplanung<br>• Warenverfolgung<br>• Transportmonitoring<br>• Abrechnung<br>• Transportanalyse | • Einsatz des Transportmittels<br>• Beladen des Transportmittels<br>• Transportdurchführung<br>• Warenüberwachung (z.B. Temperatur von Kühlgütern) Entladen (beim Kunden oder im Lager)<br>• Rangieren (z.B. Waggons) |

### 8.2.4 Lösungsansätze aus Forschung und Praxis

Es gibt verschiedene Ansätze aus der Wissenschaft, die sich mit Transportproblemen und der Lösung dieser Probleme beschäftigen:

- Graphentheorie, Algorithmen: Routenplanung, Tourenplanung/Flottenmanagement (Optimierungsmöglichkeiten: u.a. Weg, Fahrzeit)

- Statische Daten kombiniert mit dynamischen Daten: elektronische Land-/Seekarten werden erweitert durch z.B. GPS, Verkehrsfunkdaten oder Automatic Identification System (AIS), z.B. Fahrzeug-/ Flotten-Navigationssysteme, Electronic Chart Display and Information System (ECDIS)
- Schnittstellenbasierte Systeme bzw. Software-Programme: CAD, v.a. Auto-CAD aus der Vermessung und andere Zeichenprogramme
- Normen und Standards u.a. vom Open GIS Consortium (OGC), z.B. für Datenbanksysteme oder Sprache (in XML oder GML = Geographic Markup Language)
- Webanwendungen, Client-Server-Konzepte (WMS, WFS, etc.)
- Verbesserung der Technik bei der Erhebung von Geodaten, z.B. digitale Luftbildkameras, Verbesserung der Messtechnik allgemein
- 3D-GIS, Animationen

Auch in der Praxis existieren diverse Lösungsansätze hinsichtlich der Herangehensweise an Transportaufgaben und den damit verbundenen Problemen:

- Diverse Anwendungen: Katasterinfosysteme, Geo-Marketing wie Standortplanung oder Energieversorgung, Katastrophenmanagement, Störfallmanagement, Location Based Services, etc.
- Diverse Programme und Software von verschiedenen Anbietern
- Supply Chain Event Management (SCEM)
- Enterprise Resource Planning (ERP)
- Logistik-Controlling
- e-Government (G2C, d.h. dass Bürger/Bürgerinnen als Kunden/Kundinnen wahrgenommen werden; G2G bedeutet die Integration von verschiedenen Verwaltungseinheiten und/oder -prozessen)

In der Wirtschaft werden Geo-Informationssysteme u.a. im Geomarketing, zur Koordination im Außendienst oder zur Lagerverwaltung eingesetzt. Ein sehr beliebtes Feld z.Zt. sind Dienstleistungen im Tourismus wie Informationsportale im Internet, Location Based Services (LBS) oder verschiedene mobile Anwendungen.

Im Transportbereich findet man Geo-Informationssysteme v.a. bei der Tourenplanung und Tourenüberwachung. Ein gutes Beispiel aus dem Personenverkehr sind Navigationssysteme, die mittlerweile auch im gewerblichen Bereich (z.B. in Speditionen) häufig vertreten sind.

Geo-Informationssysteme werden heutzutage häufig in öffentlichen Bereichen eingesetzt, z. B. im sog. e-Government. Behörden haben erkannt, dass das Internet öffentliche und private Haushalte zunehmend beeinflusst. Aus diesem Grund wird moderne IT vermehrt in Behörden implementiert und diese untereinander bzw. miteinander vernetzt. Ein Effekt davon ist, dass Anfragen und Vorgänge schneller bearbeitet werden können. Das bedeutet, dass sich die Effizienz von Behörden steigern kann. Ein weiterer Effekt ist, dass Bürger und Bürgerinnen ihre Anträge und Formulare elektronisch stellen und sich so Papier und Zeit sparen können.

Kommunen und Landesämter setzen Geo-Informationssysteme auch häufig im Straßenbau, Straßenplanung, Städtebau und –planung, bei der Überwachung des Abwassersystems oder zur Überprüfung von elektrischen Leitungen (Gas- und Wasserwerke) ein.

Energieversorger nutzen GIS auch intern für die Optimierung ihrer betrieblichen Prozesse, z.B. Standardisierung, Planung, Projektierung, Bau, Betrieb oder Bestandsdokumentation des Betriebsnetzes.

Auch Vereine, Verbände und andere Einrichtungen setzen GIS ein, z.B. im Umweltschutz. Dabei liegt der Schwerpunkt auf Umweltüberwachung, d.h. Vergleiche von Zuständen innerhalb bestimmter Zeitfenster (z.B. Sauberkeit von Seen oder Flüssen) oder Beständen (Baumbestand innerhalb eines Waldes z.B.).

## 8.3 GIS-Anwendungen

Die von einem GIS gelieferten Geo-Informationen bestehen aus Landkarten, auf denen Objekte mit bestimmten Attributen abgebildet werden. So ist es z.B. möglich, Transport zu visualisieren, indem man beispielsweise Container als Objekte im Raum (d.h. auf Landkarten) abbildet. Den Objekten können bestimmte Merkmale wie z.B. Art, Ort, Verfügbarkeit oder Zustand zugeordnet werden. Auf diese Weise kann beispielsweise der Weg eines Containers verfolgt oder eine bestimmte Ware wieder aufgefunden werden (sogenanntes Tracking und Tracing). Die Container kann man außerdem in Beziehung zu festen Punkten (z.B. Lagerhäuser oder Verladestationen) setzen, wodurch es möglich ist, die erwartete Ankunftszeit (ETA) zu präzisieren. Das Wissen um eine präzise Ankunftszeit an den Schnittstellen zwischen dem zulaufenden und nachfolgenden Transport erleichtert die Abstimmung zwischen den Betrieben. Das wiederum führt dazu, dass die Betriebe den Einsatz von Fahrzeugen und Personal besser planen können und es beim Transport selber seltener zu längeren und kostenintensiven Wartezeiten kommt.

### 8.3.1 GIS – Eine kurze Einführung

Ein Geo-Informationssystem (GIS) besteht klassischerweise aus Daten, die in einer Datenbank zusammengefasst werden und aus Werkzeugen, mit deren Hilfe die Daten angewendet werden können (Anwenderfunktionen), z.B. Abfragemodul oder Darstellungen. Ein Verwaltungssystem ordnet und schützt den Datenbestand und macht die Daten für Nutzer und Nutzerinnen zugänglich.

GIS hat sich zu einer objektorientierten Anwendung entwickelt. Man definiert Objekte (z.B. Baum) und Objektklassen (z.B. Wald). Ein Objekt stellt eine zu anderen Objekten abgegrenzte Einheit mit einer eigenen Identität dar. Dadurch können die Daten aus der Datenbank einem Objekt zugeordnet werden. Mit einer Objektbeschreibungssprache kann man jede Objektklasse um ein oder mehrere Methoden (Anwenderfunktion) erweitern. Vernetzungstechniken wie z.B. das Internet oder andere Client-Server-Modelle führen zu weiteren Veränderungen der oben beschriebenen klassischen Aufteilung. So können z.B. Anwenderfunktionen zu einem Client ausgelagert werden, während die Daten auf der Serverseite verbleiben.

Geoobjekte und geo-referenzierten Objekte in einem GIS besitzen geometrische, strukturelle, thematische und topologische Eigenschaften, die bei Abfragen miteinander verknüpft werden können:

- Geometrie (2-dimensionale Abbildung von geometrischen Flächen, wie z.B. Kreise oder Polygone in einem Koordinatensystem in Form von Raster- oder Vektordaten)
- Topologie (räuml. Beziehung: Überlappung, gemeinsame Grenze)
- Struktur (Vernetzung der Objekte untereinander)
- Thema (nach Fachdaten sortiert, s. auch nächster Absatz)

Ein GIS beschränkt sich nur auf raumbezogene Daten bzw. Informationen. Für ein GIS werden Karten und andere Geodaten digital erzeugt und gleichzeitig die in dieser Karte enthaltenen Inhalte (Informationen und Daten) auf verständliche Weise verfügbar gemacht. Das wird meist durch das Layerprinzip (verschiedene Themen auf verschiedenen Layern) realisiert.

Was ein GIS im Allgemeinen kann:

- schnell und mit Graphikunterstützung Sachverhalte verdeutlichen
- Varianten aufzeigen und diese durch Variation der Visualisierung unterschiedlich hervorheben und somit Vergleiche erleichtern

- die Argumentation unterstützen und nachvollziehbar machen
- interdisziplinäre Zusammenarbeit herausfordern
- GIS liefert präzise Vektordaten für Algorithmen

Was ein GIS nicht kann:

- dem Anwender die Problemdefinition abnehmen
- die Eignung des gewählten Daten- und Ablaufmodells gewährleisten
- die Sinnhaftigkeit der Ergebnisse garantieren
- dem Nutzer von einer zwar theoretisch richtigen, aber im aktuellen Umfeld zu teuren oder zu komplizierten Operation abhalten.[4]

In den meisten Fällen unterscheiden sich Geo-Informationssysteme durch ihren Themenschwerpunkt, z.B. Darstellung von Ressourcen, technischen Einrichtungen, Routen, Klima, o.ä.. Vielfach steht die Anwendung der Geo-Informationen im Vordergrund. Je nach Ausprägung, d.h. entsprechend der Thematik und/oder Anwendung sind Landesinformationssysteme (LIS) oder Umweltinformationssysteme (UIS) u.ä. aus GIS entstanden.

Weitere Anwendungen[5] finden sich u.a.

- im Katasterbereich, z.B. ALKIS (Amtliches Liegenschaftskataster-Informationssystem),
- bei der Raumordnung- und Landesplanung,
- in der Statistik (u.a. Demographie),
- in der Landesverteidigung und im Katastrophenschutz,
- im Energieversorgungsunternehmen (einer der größten Anteile am weltweiten GIS-Markt, Bsp.: Störfallmanagement, Netzwerkinformationssystem - NIS) oder
- im Verkehrsbereich (u.a. Fahrzeugleitsysteme, Navigationssysteme),
- im Transportwesen (u.a. Tourenplanung, Routenplanung) und
- im Geomarketing (z.B. Standortplanung),

[4] Vgl. Bartelme (2000), S. 30.
[5] Vgl. Bartelme (2000), S. 32f.; Ruhland/Kirchner (2003).

### 8.3.2 Betriebliches Optimierungspotential mit GIS

„GIS“ und „intermodale Transportketten“ passen dann zusammen, wenn es um räumliche und daraus abzuleitende (v.a. zeitliche) Fragestellungen geht; das betrifft u.a. folgende Transport- und Schnittstellen-/Terminalprobleme:

- Verspätungen, Abweichungen vom Fahrplan (z.B. durch ungünstige Wetterverhältnisse, Unfälle)
- Wartezeiten der Fahrer (z.B. durch Verspätungen)
- fehlende Transparenz und dadurch u.U. ungeklärte Verantwortungsstrukturen
- Kommunikationsprobleme (z.B. durch ungleiche technische Ausrüstung)

GIS wird nicht als ein Software-Produkt behandelt, sondern vielmehr als Idee oder Konzept. Daraus folgt, dass der User bestimmt, welche Probleme/Prozesse abgebildet werden und welche Benachrichtigungsregeln gelten sollen (z.B. automatisch bei Abweichungen). Umgekehrt wäre es weniger sinnvoll, wenn das Programm dem User bestimmte Features bietet, die er nicht braucht. Das System soll auf der einen Seite offen und flexibel bleiben, auf der anderen Seite ist zum Zeitpunkt der Konzeption noch nicht absehbar, welche Kombination von Themen und Anwendungen notwendig werden. Es kann passieren, dass die generell langlebigen Geodaten häufig interpretiert, umstrukturiert und transformiert werden. Dadurch bleibt die Konsistenz der Daten meist nicht erhalten, was dann zu einem Qualitätsverlust führt.

Warum also soll ein GIS in Betrieben in intermodalen Transportketten eingesetzt werden? Welche Probleme kann man mit einem GIS lösen?

Zuerst muss man die Prozesse identifizieren, die auf dispositiver und operativer Ebene ablaufen. Die unten stehende Tabelle gibt einen Überblick über die Prozesse, die einen Raumbezug haben. Der Raumbezug ist wichtig, da er die Schnittstelle von GIS und Transportprozessen darstellt.

Betrachtet man die Prozesse, so kann ein GIS nicht nur für den Terminalbetrieb, sondern auch bei der Transportplanung und –durchführung sowie bei der Transportanalyse wichtige Unterstützung zur Optimierung leisten. Der nachfolgende Text beschreibt beispielhaft, wo ein GIS im Speziellen eingesetzt werden kann.

*Vor dem Transport*

GIS kann man sehr gut bei der Routenplanung einsetzen, wobei die kürzesten oder schnellsten Wege unter Berücksichtigung von real erzielbaren Geschwindigkeiten bestimmt werden. GIS referenziert dafür Geo-Objekte, bildet sie geometrisch ab und setzt sie miteinander in Beziehung, z.B. Auslieferungszeiten – Route; Verkehrsregeln/Straßenzustand – Fahrzeiten. Es ist auch möglich eine objektbezogene Ablaufgestaltung (z.B. Flussdiagramm) mit GIS zu entwickeln oder eine Tour (ähnlich eines Routenplaners aus dem Internet) oder Personaleinsatzplanung zu simulieren.

**Tab. 18: Beispielhafte Auflistung von Prozessen mit Raumbezug, die mit dem Einsatz von GIS optimiert werden können**

| Kernprozesse mit Raumbezug | | Dispositive Ebene | Operative Ebene |
|---|---|---|---|
| Terminalbetrieb | | • Warenumschlag (Staupläne)<br>• Warehousing<br>• Personalplanung<br>• Liegeplatzplanung<br>• Technik-Einsatzplanung | • Einsatz von Ladekranen<br>• Auf- und Abladen<br>• Dokumentation (z.B. Wareneingang)<br>• Transportmittelabstimmung |
| Transport | vorher | • Transportplanung<br>• Routenplanung<br>• Tourenplanung<br>• Kapazitätsplanung | • Einsatz des Transportmittels<br>• Beladen des Transportmittels<br>• Rangieren (z.B. Waggons) |
| | während | • Warenverfolgung<br>• Transportmonitoring | • Transportdurchführung<br>• Warenüberwachung (z.B. Temperatur von Kühlgütern)<br>• Rangieren (z.B. Waggons) |
| | danach | • Transportanalyse | • Entladen (beim Kunden oder im Lager) |

Die Vorteile bzw. der Nutzen für den Betrieb ist dabei z.B. die Optimierung der Transportwege und des Personal- und Fuhrparkeinsatzes. GIS bietet durch Visualisierung eine Wegbeschreibung mit Kartenmaterial, die eine bessere Übersicht gewährt. Die objektbezogene Ablaufgestaltung kann zu einer verbesserten Kommunikation durch Einbeziehung der Akteure und durch Klärung der Verantwortlichkeiten führen. Es besteht außerdem die Möglichkeit, langfristig feste Kommunikationsstrukturen aufzubauen.

*Während des Transports*

Während des Transports liefert GIS z.B. die Position des Containers zum Tracking und Tracing und zur Bestimmung der ETA (Position feststellen durch GPS, Galileo u.ä.; Position berichten mittels SMS, Email, Telefon u.ä.; Container identifizieren durch Barcodes, RFID u.ä. wobei Container oder Transportmittel die Transporteinheit darstellen können, die getrackt wird). Dies kann durch Modellierung und Visualisierung von Objekten incl. deren Eigenschaften (stehend, fließend) und Merkmale (Status, Zustand, Verfügbarkeit, Art, Ort) geschehen.

Der Nutzen für den Betrieb liegt in kürzeren Reaktionszeiten bei Verzögerungen, optimaler Überwachung des Transports, einer besseren Absprache an den Schnittstellen und weniger Wartezeiten/Leerstand bzw. Ruhezeiten der Fahrzeuge und Fahrzeugführer (vgl. auch das Beispiel aus Kapitel 8.1).

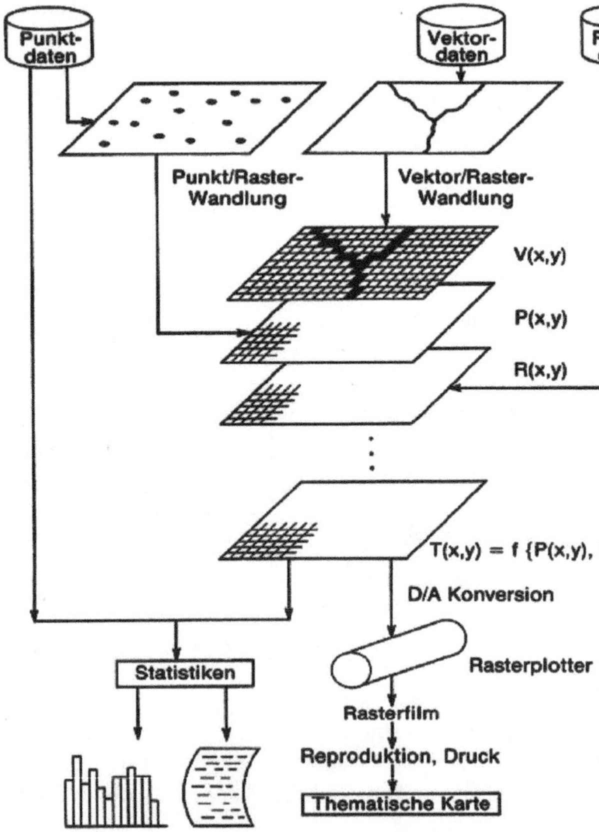


**Abb. 24: Schematische Darstellung der Informationsgewinnung aus verschiedenen Daten in Kartenform, als Tabelle oder Statistik (vgl. Göpfert 1987, S. 204).**

*Nach dem Transport*

Ein GIS kann die Daten einer gefahrenen Tour außerdem analysieren. Mit Hilfe der Analyse nach Fließprinzipien (Graphentheorie mit Knoten und Kanten, Quelle und Senke, d.h. rechnerische Lösung von Transportproblemen), können dann verschiedene Aspekte ausgewertet werden, da GIS präzise Daten für diese Algorithmen liefert. Das können z.B. der Spritverbrauch, Fahrdauer, Kosten, Sendungsaufkommen und –daten (Anzahl, Gewicht der Sendung, Zeitfenster) oder die gefahrenen Kilometer sein. Diese Daten können auch für andere Kostenoptimierungsmöglichkeiten (z.B. Logistik-Controlling) eingesetzt werden. Die Ergebnisse der Auswertungen werden entweder in Kartenform (meist als Rasterkarte) oder als Statistik sowie als Tabelle dargestellt (Vgl. Abb. 24).

Die Vorteile für den Betrieb bestehen in der Vermeidung von Redundanzen, bei der Identifikation von Engpässen, in einer besseren Prognoserechnung für kommende Touren, in der HR-/Technikeinsatz-Bewertung und in der Verbesserung im Umweltschutz (sekundärer Effekt).

## Glossar

| | |
|---|---|
| 3PL | Third Party Logistics |
| 4PL | Fourth Party Logistics |
| CAD | Computer Aided Design |
| ERP | Enterprise Resource Planning |
| ETA | Estimated Time of Arrival |
| G2C | Government to Customer |
| G2G | Government to Government |
| GIS | Geo-Informationssystem |
| ISPS | International Ship and Port Facility Security Code |
| QMB | Qualitätsmanagement-Beauftragte/r |
| RFID | Radio Frequency Identification |
| WFS | Web Feature Service |
| WMS | Web Map Service |

## Literaturverzeichnis

Bartelme, N. (2000): Geoinformatik, 3. Auflage, Berlin, Heidelberg.

Bernhardt, U. (2002): GIS-Technologien in der New Economy, Heidelberg.

Göpfert, W. (1987): Raumbezogene Informationssysteme, Karlsruhe.

Delfmann, W./Reihlen, M. (2003.): Controlling von Logistikprozessen, Stuttgart.

Ruhland, J./Kirchner, K. (2003): Geo-Informationssysteme und ihre betriebliche Anwendung, in: WISU- Das Wirtschaftsstudium, 31. Jg., 10/2003.

# 9 Planned Obsolescence in Closed Loop-Logistics - Ein angebotspolitisches Instrument zur Koordination von Kreislaufwirtschaftssystemen

*Marco Plöger*[1]

## 9.1 Die Steuerung von Closed Loop-Supply Chains

Die Globalisierung von Wertschöpfungsprozessen und eine zunehmende Wettbewerbsintensivierung üben einen starken Druck zur Optimierung von Unternehmenskooperationen aus. Im Zuge der zunehmenden Vernetzung von Produktionsstufen können Problemlösungsansätze nicht an den Unternehmensgrenzen enden. Vielmehr erfordert eine zunehmende Integration die Abstimmung von Prozessen entlang der gesamten Supply Chain. Diese Notwendigkeit ergibt sich umso mehr in einer Kreislauflogistik (Closed Loop-Logistics).

Eine solche Integration ist allerdings nicht in jedem Fall reibungslos möglich: Während eine Intra-Netzwerk-Koordination als enge, auf Dauer ausgelegte Bindung etabliert werden kann, stehen einer Steuerung der Netzwerkaußengrenzen (Inter-Netzwerk-Koordination)[2] - insbesondere mit Konsumenten - erhebliche Barrieren entgegen. Mögliche Hemmnisse für eine effiziente Integration im Konsumgüterbereich sind notwendige Investitionen in IT-Systeme und prohibitiv hohe Transaktionskosten durch umfangreiche Vertragsverhandlungen.

Besonders die Umstellung von einem simplen Abverkauf von Einweg-Produkten zu einer Closed-Loop-Distribution erfordert eine Umstellung der Kosumverhaltens auf Seiten des Endabnehmers. Anstatt nur ein Gut zu kaufen und anschließend als Abfall zu entsorgen, muss der Kunde mit wirksamen Anreizen dazu angehalten werden, (Teil-) Komponenten des Produktes kapazitätsgerecht zurück in den Kreislauf zu bringen. Damit ist der Endkunde nicht nur Abnehmer, sondern tritt zusätzlich in die Rolle eines Zulieferers an Gebrauchtteilen für die Closed-Loop Supply Chain ein, wodurch eine stärkere, reziproke Integration notwendig wird.

Wenn von Closed-Loop Logistics gesprochen wird, beinhaltet das neben der Distribution zum Kunden die übergreifende Steuerung der Rückflüsse (Reverse Logistics) oder allgemeiner:

---

[1] Dipl.-Kfm. Marco Plöger, Lehrstuhl für Allgemeine Betriebswirtschaftslehre, Produktionswirtschaft und Industriebetriebslehre, Universität Bremen.

[2] Vgl. Eßig (2004), S. 135.

„The process of planning, implementing and controlling backward flows of raw materials, in process inventory, packaging and finished goods, from a manufacturing, distribution or use point of recovery or point of proper disposal."[3]

## 9.2 Angebotspolitik als institutionelles Steuerungsinstrument

Grundsätzlich gibt es mehrere Möglichkeiten, den Abstimmungsbedarf einer Supply Chain zu decken: Neben direkten Absprachen über Austauschtransaktionen mittels Vertrag (beispielsweise Leasing-Verträge)[4], kann ein Informationsaustausch und eine Abstimmung des Verhaltens auch über Informations- und Kommunikationssysteme erfolgen. Allerdings sind solche Arrangements nur für den Austausch zwischen gewerblichen Akteuren (B2B) sinnvoll, da Verträge mit Transaktionskosten einhergehen, die zumeist nicht wettbewerbsgerecht sind. Technische Integrationen finden zwar im Bereich im B2B-Bereich durch die zunehmende unternehmensübergreifende Vernetzung mittels ERP-Systemen (z. B. SAP/R3) statt. Eine IT-basierte Integration von Konsumenten hingegen - zum Zwecke einer reibungslosen Rückführung von Altgütern in die Backward-Schleife - ist wegen des organisatorischen Aufwandes und der nötigen Investitionen ausgeschlossen.

Ein Ansatz zur Lösung dieser Problemstellung kann die Verwendung eines Mengen-/Preissystems sein, das als Institution zur Informationsdiffusion den Koordinationsbedarf deckt:

„In der Tat liegt die Funktion der Preise gerade darin, so schnell wie möglich Anzeichen von Veränderungen zu signalisieren, die das Individuum nicht kennen kann, an die es aber seine Pläne anpassen muss."[5]

Dabei besteht keine Notwendigkeit der Kenntnis von Ursachen und Wirkungen, die zu Änderungen der Teilpläne in und zwischen Supply Chains führen, so dass Anpassungen trotz des Vorliegens komplexer Handlungssituationen verzögerungslos vollzogen werden können.

Die mikroökonomisch orientierte Wirtschaftstheorie geht zunächst von Preis und Menge als getrennte Aktionsparameter der Marktakteure aus. Da aber auf vielen Märkten weder Mengen- noch Qualitätskomponente von Gütern allgemeinverbindlich normiert sind, ist bei der Gestaltung eines Preis-/Leistungsverhältnis eine Festlegung auf einen Preiszähler oder die Ausbringungsmenge als Nenner allein

---

[3] Vgl. De Brito/Dekker (2004), S. 5.

[4] Vgl. Krikke/Kokkinaki/Nunnen (2003), S. 259.

[5] Vgl. Hayek (1977), S. 75.

problematisch.[6] Daher soll im Folgenden die Preis- und Produktgestaltung zur Angebotspolitik zusammengefasst werden.[7]

### 9.2.1 Gestaltung der Angebotspolitik mit Planned Obsolescence

Sofern die Marktstrukturen entsprechende Spielräume in der Angebotspolitik erlauben, insbesondere wenn eine Closed Loop-Supply Chain eine (Quasi-) Monopolstellung innehat, kann Planned Obsolescence eingesetzt werden, um Einfluss auf die Lebensdauer eines Produktes auszuüben. Gleichfalls kann diese Strategie dann zum Einsatz kommen, wenn Informationsasymmetrien bezüglich der Eigenschaften der erbrachten Leistungen bestehen, die auch nach dem Erwerb nicht vom Kunden ausgeräumt werden können (Vertrauensgut).

Planned Obsolescence ist eine Schlechterqualität in der Gestaltung von Waren und Dienstleistungen durch den Entwickler oder Hersteller, insbesondere in Bezug auf eine vorsätzlich geringere Lebens- und Nutzungsdauer.

Mögliche Ausprägungen sind:

- Physische Obsoleszenz: vorzeitiges Ende der Verwendungstüchtigkeit im ursprünglichen Zweck, bspw. verursacht durch den Einsatz von Soll-Bruchstellen oder indirekten Verschleiß (eine (Teil-)Komponente läst eine andere schneller verschleißen)
- Technisch-funktionelle Obsoleszenz: Inkompatibilität im Zeitablauf; fehlende Unterstützung von technischen und sicherheitsrelevanten Standards[8]
- Ästhetische Obsoleszenz: Verringerung der Repräsentativität („aus der Mode")

Das bedeutet somit, dass vom Ersteller eines Gutes Einfluss auf die Nutzungsdauer desselben ausgeübt wird, mit dem Ziel durch Verkürzung der Nutzungsdauer die zeitliche Verteilung von Backward-Flows zu steuern und diese besser prognostizierbar zu machen. Im Folgenden sollen die Auswirkungen für die Supply Chain erörtert werden.

---

[6] Vgl. Diller (2000), S.26 f.

[7] Vgl. Eßig (2004), S. 162.

[8] Vgl. Choi (1994), S. 167. Überlegungen gibt es auch zur künstlichen Generierung von Inkompatibilitäten mit Plagiaten durch Einsatz von RFID. Nach elektronischer Kennzeichnung von Produktkomponenten gleicht das Gerät die Kennung mit den Kennungen des Originalherstellers ab. Sofern dies nicht möglich ist oder die Kennung nicht gültig ist, wird der Betrieb – insbesondere mit baugleichen Konkurrenzprodukten – verweigert; vgl. Fleisch/ Christ/ Dierkes (2005), S. 22.

### 9.2.2 Umsatz- und Gewinnsteigerung durch Planned Obsolescence

Als unmittelbare Wirkung des Einsatzes von Planned Obsolescence kann durch die Verkürzung der Produktlebensdauer die Kauffrequenz gesteigert werden und dadurch unmittelbar der Umsatz. Bei der Herstellung von physischen Produkten kann der Produzent Kosten einsparen, sofern er kostengünstigstere Bauteile einsetzen kann, die ggf. mit ihrer qualitätsbedingt geringeren Nutzungsdauer gerade noch die geplante Produktlebensdauer ermöglichen.

Für die Supply Chain wesentlicher ist, ob die abgesetzten Produkte modularisiert sind und als Ganzes oder in Teilen wieder aufbereitet werden. Dann können in einer Kreislauflogistik Transport- und Aufbereitungskosten gespart werden, da auf die Rückführung noch funktionstüchtiger Komponenten verzichtet werden kann. Weiterhin können bei einer Wiederverwendung recycelter Teile Materialkosten eingespart werden. Dabei ist die Ersparnis umso größer, je öfter recycelte Komponenten in Neuprodukten Verwendung finden und somit der Materialaufwand auf mehrere Nutzungszyklen umgelegt werden kann. Voraussetzung ist, dass der Restwert der Komponenten größer ist, als die Kosten der Rückführung und Wiederaufbereitung.

Unter dieser Prämisse bilden verbleibende Teile beim Kunden als Sunk Costs eine Barriere für Produktwechsel. Da der Kunde bei einem Produktwechsel das volle Entgelt für ein neues Produkt zahlen muss, für die verschlissenen Altkomponenten aber nur die Kosten der Aufarbeitung, entsteht ein Kostengefälle zu Konkurrenzanbietern und ein Zuliefererwechsel wird erschwert.

Einsparungen können entweder durch Vergrößerung des Deckungsbeitrages eine Gewinnerhöhung bewirken oder durch Preissenkung unter eine Preisschwelle eine Marktpenetrationsstrategie ermöglichen.

### 9.2.3 Stabilisierung des Backward-Flows durch Steuerung der Produktnutzungsdauer

Weiter liefert Planned Obsolescence einen Beitrag zur Verstetigung des Rückflusses von Altgütern. Dies ist Voraussetzung, um für eine rentable Implementierung von Reverse Logistics ein hinreichend großes Aufkommen von Altgütern-Rückflüssen zu sichern.[9]

Darüber hinaus kann durch Planned Obsolescence die zeitliche Verteilung des Rückflusses von Altgütern besser prognostiziert werden. Soll beispielsweise die Redistribution der Güter über denselben Weg wie die Erstauslieferung abgewickelt werden, so können durch eine Stabilisierung des Backward-Flows unnötige

---

[9] Vgl. Blume (2003), S. 41.

Leerfahrten vermieden werden, denen später ein Überhang an rückzuführenden Altgütern folgt. Denn eine solche Konstellation wäre aus zweierlei Gründen unwirtschaftlich: Zunächst werden Sammelkapazitäten vorgehalten, die nicht ausgeschöpft werden können, aber dennoch Kosten der Betriebsbereitschaft verursachen. Daraufhin müssen zur Bewältigung des Redistributionsüberhangs Zusatzkapazitäten geschaffen oder extern zugekauft werden, was wiederum zu unvorhergesehenen Kosten und einem höheren Planungsaufwand führt.

Weiter wird der Verbleib von Produktmodulen beim Kunden regelmäßig eine außerplanmäßige Nachproduktion von Komponenten für den derzeitigen Abverkauf erforderlich machen, deren Bedarf durch die Überholung oder Aufrüstung von zurückgeflossenen Altgütern gedeckt werden sollte. Dies ist wiederum aus ökologischer wie wirtschaftlicher Sicht nicht wünschenswert, da eine Nachproduktion in kleinen Losgrößen die Materialkosten erhöht und gleichzeitig die noch zirkulierenden Komponenten nicht planmäßig wieder verwendet werden können und entsorgt werden müssen.

Planned Obsolescence liefert somit einen Beitrag, die Backward-Schleife zu stabilisieren, indem die Varianz der Lebensdauer und damit die stochastische Streuung der Rückflüsse reduziert werden und daher Kapazitätsengpässe oder -überhänge vermeiden. Mit Planned Obsolescence können aber auch gleichzeitig stabilisierende Effekte bei den Forward-Flows erzielt werden: Eine stärkere Determinierung der Lebensdauer eines Produktes erlaubt die genauere Bestimmung des Ersatzbedarfszeitpunktes auf der Kundenseite. Das verbessert die Prognose der Absatzzyklen, wodurch einem Aufschaukeln von Sicherheitsbeständen entlang der Supply Chain (Bullwhip-Effekt) entgegen gewirkt wird. Dadurch können Einsparungen bei den Lager- und Kapitalbindungskosten realisiert werden.

Weiterhin kann eine Angebotspolitik mit Planned Obsolescence, neben der Stabilisierung der Produktströme, das Ziel einer Preisverstetigung verfolgen. Denn wenn sich Bestände im Lager aufstauen und der Abverkauf sich mittelfristig verzögert, werden die Beteiligten der Supply Chain wegen Liquiditätsengpässen und zusätzlichen Lager- und Kapitalbindungskosten dazu tendieren, vorübergehend die Absatzpreise zu senken, um die Lager zu räumen. Dies kann in Bezug auf das niedrigere Preisniveau zu einer dauerhaften Erwartungshaltung bei den Konsumenten führen, so dass Wiederholungskäufe aufgeschoben werden, um an einer weiteren Preissenkungsrunde zu partizipieren.[10] Dadurch wird der Abverkauf des Lagers nochmals verzögert, die Akteure in der Supply Chain müssen tendenziell häufiger und in stärkerem Maße Preisabschläge gewähren, was wiederum eine stärkere Preissenkungserwartung der Endabnehmer schürt. Von Nachfrageschwankungen geht also die Gefahr aus, dass sie eine selbstverstärkende Preis-

---

[10] Vgl. Coase (1972), S. 144.

senkungsspirale in Gang setzen. Daher unterstützt eine bessere Prognose des Absatzes durch Planned Obsolescence eine berechenbare Angebotspolitik und gewährt dadurch stabile Preise.

Diese Argumentationskette setzt soweit voraus, dass ex ante schon mit einer hinreichenden Zahl von Abnehmern eines Produktes gerechnet wird. Eine geplante Einführung einer neuen Produktreihe kann allerdings von vorne herein an einem mangelnden Bedarf am Markt ausgeschlossen sein. Daher soll näher beleuchtet werden, inwieweit der Einsatz von Planned Obsolescence bereits die Investitionskalkulation für Forschungs- und Entwicklungsprojekte beeinflussen kann.

### 9.2.4 Investitionssicherheit durch verbesserte Lebensdauer-Prognose

Wenn neue Angebote geplant werden, muss für eine entsprechende Leistung zunächst einmal ein Bedarf auf Kundenseite vorhanden sein. Die Entscheidung, in Forschung und Entwicklung zu investieren, um eine Produktreihe zu modernisieren oder einzuführen, hängt maßgeblich von der Heterogenität der Nutzergruppen und deren Anspruchshaltung ab. Sofern dabei eine verhältnismäßig große Zahl von Kunden mit geringen Ansprüchen bezüglich eines Upgrading des Produktes (und damit einhergehend mit einer zunächst langen Nutzungsbereitschaft) einer geringen Zahl von anspruchsvollen Lead-Usern gegenüberstehen, befindet sich die Supply Chain in einem Entwicklungsdilemma. Denn einerseits sind die Geschäftsbeziehungen zu umsatzstarken Lead-Usern gefährdet, wenn deren langfristige Bindung von der regelmäßigen Weiterentwickelung und Anpassung an technische Neuerungen abhängt. Wenn andererseits eine große Zahl an Nutzern nur einen geringen und stabilen Grundnutzen der Leistung in Anspruch nimmt, können hohe Investitionskosten im F&E-Bereich nicht auf die erforderliche Zahl an Abnehmern umgelegt werden. Dadurch unterbleiben Innovationsanstrengungen[11] und Schlüsselabsatzmärkte gehen für die Supply Chain verloren.

Dieses Dilemma kann dadurch gelöst werden, dass für alle Produkte die Lebensdauer vor Einführung einer neuen Modellreihe endet und somit die Entwicklungskosten auf alle Kundengruppen umgelegt werden können, da eine Weiternutzung von überholten, aber noch funktionstüchtigen, Produkten verhindert wird. Neben Sollbruchstellen bei materiellen Produkten, kann hier insbesondere an das Auslaufen von Support-Leistungen durch Software-Hersteller gedacht werden, wobei mittels technischer Obsoleszenz eine Weiternutzung alter Programm-Versionen ausgeschlossen wird und eine Steuerung des Lebenszyklus-Endes in einem engen zeitlichen Korridor möglich ist.

---

[11] Vgl. Fishman/Gandal/Shy (1993), S. 369.

Der dadurch erzielte Erhalt der Rentabilität hat eine hohe Bedeutung für die Einführung neuer Modellreihen. Wenn allerdings die Lebensdauer der Produkte länger ist, als kalkuliert, stocken die Wiederabverkäufe und damit Rückflüsse von Finanzmitteln. Daher drohen Liquiditätsengpässe und der Kapitalwert einer Investition wird verringert, da Erlöse später realisiert werden und daher einer höheren Abzinsung unterliegen.

Dieses Problem verschärft sich für Closed Loop-Logistics nochmals, wenn Komponenten von aufzuarbeitenden Komponenten einen Restwert haben, deren Verkaufs- oder Wiederverwendungserlöse ebenfalls in der Kalkulation berücksichtigt wurden. Sollte sich der Rückfluss verzögern, ist dieser Restwert ebenfalls stärker abzuzinsen. Darüber hinaus kann es zu unvorhergesehenen Wertverlusten kommen, weil das wieder zu verwendende Modul durch eine zu lange Nutzung übermäßig verschlissen wurde, durch technischen Fortschritt die Komponente nicht mehr zu aktuellen Produktgattungen kompatibel ist oder deutlich leistungsfähigere Technologien zum Einsatz kommen.

Mittels einer Begrenzung und Steuerung der Lebensdauer verkaufter Produkte können somit durch Planned Obsolescence Investitionsrisiken gemindert werden.

## 9.3 Das Verhältnis von Planned Obsolescence zu nachhaltigem Wirtschaften

Als Ausblick sei noch einer der Hauptkritikpunkte am Einsatz von Planned Obsolescence im Rahmen einer Angebotspolitik herausgehoben. Dieser liegt darin, dass Planned Obsolescence die Lebensdauer von Produkten verkürzt und die damit verbundene Ausweitung des Ersatzbedarfes zu einem Mehrverbrauch an Fertigungsmaterial und Abfall führt.

Die These, dass durch eine Erhöhung der Produktlebensdauer die Stoffproduktivität erhöht wird[12], ist zunächst einmal richtig, aber nicht uneingeschränkt gültig. Nicht berücksichtigt wird dabei, dass Produkte wiederum in ihrem Betrieb Energie verbrauchen und Emissionen freisetzen können. Die sich durch stetig verkürzende Innovationszyklen bietenden Einsparungsmöglichkeiten und Effizienzsteigerungen können durch einen grenzenlos langen Gebrauch nicht ausgeschöpft werden.

In eine Ökobilanz muss eben nicht nur eingehen, dass beispielsweise der Einsatz eines Dieselmotors weniger Entsorgungskosten verursacht, wenn seine Nutzungs-

---

[12] Vgl. Weizsäcker/Lovins/Lovins (1997), S. 104.

dauer auf viele Jahrzehnte ausgelegt wird, sondern auch die nicht realisierten Einsparungen durch den Einsatz von verbrauchs- und emissionsärmeren Modellen.

Langfristig wird der Endabnehmer bei einer ineffizient langen Nutzungsdauer nicht nur vermeidbare Kosten tragen müssen, sondern riskiert bei ausgeprägten negativen Auswirkungen auf die Umwelt eine Intervention von staatlicher Seite. So wurde in Deutschland vom Gesetzgeber eine Energie Einsparverordnung (EnEV) zur Reduzierung von Emissionen und des Kraftstoffverbrauchs erlassen. Diese verpflichtet unter anderem zur Außerbetriebnahme aller Heizungsanlagen und Heizkessel bis Ende 2006, die vor dem 1. Oktober 1978 aufgestellt worden sind.[13] In diesem Beispiel ist demnach eine redundante Lebensdauer eines Gebrauchsgutes Ursache für einen hoheitlichen Eingriff per gesetzliches Verbot, um die negativen Auswirkungen einer redundanten Nutzung zu begrenzen (gesetzliche Obsoleszenz).

Somit ist Planned Obsolescence nicht grundsätzlich mit einer einzel- wie gesamtwirtschaftlichen Nachhaltigkeit unvereinbar, sondern kann Ausprägung einer dynamischen Form nachhaltiger Entwicklung sein. Denn knappe Ressourcen nur langsamer zu verbrauchen, ist ein rein statischer Ansatz einer verbesserten Ökoeffizienz. Der Verbrauch absolut knapper Ressourcen wird damit nur gestreckt und der Zeitpunkt des endgültigen Verbrauchs nur etwas weiter nach hinten verlegt.[14] Dabei unberücksichtigt ist aber, dass Innovationen forciert werden müssen, um die langfristige Substitution des Einsatzes von endlichen Ressourcen durch regenerative Ressourcen zu ermöglichen. Wie in Kapitel 9.2.4 aufgezeigt wurde, können Unsicherheiten in Bezug auf mit Innovationen einhergehenden Investitionen durch Planned Obsolescence verringert werden. Eine verbesserte Prognostizierbarkeit der Produktnutzungsdauer sichert Anreize und Kalkulierbarkeit von Forschungs- und Entwicklungsprojekten.

## 9.4 Kritische Würdigung von Planned Obsolescence

Zusammenfassend kann Planned Obsolescence als Instrument zur Verbesserung der Prognose der Nutzungsdauer von Produkten gekennzeichnet werden. Daraus ergibt sich für eine Supply Chain die Möglichkeit, über eine Verkürzung der Lebensdauer die Kauffrequenz zu steigern und dadurch den Umsatz zu erhöhen. In Closed Loop-Logistics bewirkt eine Modularisierung der Produkte eine Ersparnis von Material-, Transport und Aufbereitungskosten. Sofern Komponenten beim Kunden verbleiben, stellen diese Sunk Costs dar, die zur Kundenbindung beitragen.

---

[13] Vgl. § 9 Energie Einsparverordnung.

[14] Vgl. Müller-Christ/Hülsmann (2003), S. 264.

Planned Obsolescence trägt in Closed Loop-Logistics zu einer Verstetigung von Altgüter-Rückflüssen bei und ermöglicht somit eine kapazitätsgerechte Stabilisierung der Backward-Flows. Dadurch werden zugleich Ersatzbeschaffungszeitpunkte des Endabnehmers berechenbarer, was wiederum die Produktions- und Bestandsplanung verbessert. Das Aufschaukeln von Beständen und Preisschwankungen können dadurch verhindert werden.

Investitionsrisiken, insbesondere in Bezug auf Investitionen für Forschung und Entwicklung und die Einführung neuer Modellreihen können verringert werden. Planned Obsolescence sichert bei heterogenen Kundensegmenten eine planbare Nachfrage für Investitionsvorhaben und verhindert somit Liquiditätsengpässe. Ebenso wird das Risiko verzögerter oder verringerter Erlösrückflüsse gemindert. Daher erhöht Planned Obsolescence zugleich die Rentabilität der Kreislauflogistik.

In Bezug auf Gebrauchsgüter, die Energie verbrauchen oder Emissionen freisetzen, verringert Planned Obsolescence langfristig die ökologischen Belastungen, weil es Antreiber für Innovationen ist, die wiederum Voraussetzung sind für einen effizienteren und umweltverträglicheren Einsatz von Ressourcen. Mit einer Angebotspolitik, die Effizienzgewinne und mögliche Emissionseinsparungen neuer Produktauflagen berücksichtigt, können Konsumenten wie auch die Akteure einer Supply Chain vor staatlichen Interventionen und Auflagen (als eine Form gesetzlicher Obsoleszenz) bewahrt werden.

Allerdings unterliegt der Einsatz dieses Instruments nicht unerheblichen Restriktionen. Neben Einschränkungen technischer Art bezüglich der Implementierungsmöglichkeiten von Sollbruchstellen oder Abbruchmöglichkeiten eines Supports, begrenzt die Notwendigkeit von angebotsseitiger Marktmacht oder eines Wissensgefälles den Einsatz von Planned Obsolescence. In einem funktionierenden Wettbewerb würden Produkte mit einer vergleichsweise geringen Lebensdauer nicht gegen Konkurrenzprodukte bestehen und ein offensichtlicher Einsatz die Nutzung verkürzenden Maßnahmen könnte zu einem massiven Imageschaden führen. Daneben schließen gesetzliche Regelungen Planned Obsolescence in sensiblen Bereichen, wie der Luft- und Raumfahrt oder im Pharmabereich, von vorne herein aus.

Weiter ist der Einsatz von Planned Obsolescence nur dann rational, wenn die Geschäftsbeziehung zum Endabnehmer den Charakter einer Product of Lifecycle-Supply hat. Da die Zielsetzung von Planned Obsolescence die Prognose und Herbeiführung von Wiederbeschaffungstransaktionen ist, bedingt es denknotwendig, dass Wiederholungskäufe absehbar sind. Findet hingegen nur eine einmalige Transaktion statt, läuft dieses Instrument ins Leere; zumindest muss die Supply Chain die Erwartung haben, dass der Kunde im Rahmen einer Closed Loop-

Supply nochmals zwecks Endsorgung des Altgutes in Interaktion mit dem Wertschöpfungsnetzwerk tritt.

Mit dem Einsatz von Planned Obsolescence riskiert der Leistungserbringer einen dauerhaften Imageschaden, wenn Kunden über die künstliche Verringerung der Lebensdauer ihrer Produkte Kenntnis erlangen. Ist das Vertrauen der Abnehmer in die Qualität der Leistungen der Supply Chain zerstört, werden damit Kundenabwanderungen einhergehen, die den Fortbestand der Supply Chain in Frage stellen können.

Dem kann vorgebeugt werden, indem dem Kunden Full-Service-Verträge über die gesamte Nutzungsdauer angeboten werden, die auch Wartung und andere Nebenleistungen sowie ausdrücklich periodische Upgrades enthalten.[15] Somit erwirbt der Kunde nicht nur das Produkt selbst, sondern ein Leistungspakt für eine begrenzte Dauer, verbunden mit der Garantie, auf dem neusten technischen Stand gehalten zu werden.

Dennoch kann ein exzessiver Einsatz von Planned Obsolescence die Leistungsfähigkeit der Endabnehmer überstrapazieren. Wenn Kunden nicht in der Lage sind, die finanziellen Mittel für die Wiederbeschaffung von Produkten aufzubringen, die innerhalb kurzer Zeit obsolet geworden sind oder technisch weiterentwickelte Produkte in die eigenen Betriebsprozesse zu integrieren, droht die Erosion von Absatzmärkten. So folgt das Handeln der Supply Chain einer Austauschrationalität, wenn sie die Eigengesetzlichkeit der Abnehmer - als Senke von Leistungen und zugleich Quelle von Finanzmitteln - beachtet[16], da sonst die eigene Angebotspolitik negativ auf die Supply Chain zurück wirkt.

Trotz dieser Einwände kann gefolgert werden, dass eine Angebotspolitik mit Planned Obsolescence in ihrer langfristigen Wirkung nicht einfach eine Besserstellung der Supply Chain auf Kosten der Kunden ist, sondern auch im Interesse der Endabnehmer liegen kann. Die Gewährleistung eine hinreichend dynamischen Nachfrage kann Innovationen fördern.

## Literaturverzeichnis

Blume, V. (2003): Informations- und Entscheidungsmanagement in der Kreislaufwirtschaft. Anforderungen zur Ausgestaltung des Informationsmanagements für die unternehmensübergreifende Entscheidungsunterstützung in Kreislaufwirtschaftssystemen, Frankfurt am Main.

[15] Vgl. Diller (1997), S. 759.
[16] Vgl. Müller-Christ/Hülsmann (2003), S. 270.

Choi, J. P. (1994): Network Externality, Compatibility Choice, and Planned Obsolescence, in: Journal of Industrial Economics, Jg. 42, 2/1994, S. 167-182.

Coase, R. H. (1972): Durability and Monopoly, in: Journal of Law and Economics, Jg. 15, 2/1972, S. 143-149.

De Brito, M. P./Dekker, R. (2004): A Framework for Reverse Logistics, in: Dekker et al. (Hrsg.), Quantitativ Models for Closed-Loop Supply Chains, Berlin, Heidelberg, New York, S. 3-27.

Diller, H. (2000): Preispolitik, 3. Aufl., Stuttgart, Berlin, Köln.

Diller, H. (1997): Preis-Management im Zeichen des Beziehungsmarketing, in: Die Betriebswirtschaft, Jg. 57, 6/1997, S. 749-776.

Eßig, M. (2004): Preispolitik in Netzwerken. Ein institutionenökonomisch und spieltheoretisch fundierter Integrationsansatz für das Supply Chain Management, Wiesbaden.

Fishman, A./Gandal, N./Shy, O. (1993): Planned Obsolescence as an Engine of Technological Progress, in: The Journal of Industrial Economics, Jg. 41, 4/1993, S. 361-370.

Fleisch, E./Christ, O./Dierkes, M. (2005): Die betriebswirtschaftliche Vision des Internets der Dinge, in: Fleisch, E./Mattern, F. (Hrsg.): Das Internet der Dinge. Ubiquitous Computing und RFID in der Praxis, Berlin, Heidelberg, S. 3-38.

Hayek, F. A. von (1977): Entnationalisierung des Geldes. Eine Analyse der Theorie und Praxis konkurrierender Umlaufmittel, Tübingen.

Krikke, H./Kokkinaki, A./Nunnen, J. van (2003): Information Technology in Closed-Loop Supply Chains, in: Guide, V. D. R., Wassenhove, L. N. van (Hrsg.), Business Aspects of Closed-Loop Supply Chains, Carnegie Mellon University Press, S. 255-290.

Müller-Christ, G./Hülsmann, M. (2003): Quo vadis Umweltmanagement? Entwicklungsperspektiven einer nachhaltigkeitsorientierten Managementlehre, in: Die Betriebswirtschaft, Jg. 63, 3/2003, S. 257-277.

Verordnung über energiesparenden Wärmeschutz und energiesparende Anlagentechnik bei Gebäuden (Energie Einsparverordnung EnEV 2001) vom 16. November 2001 (BGBl. 1 S. 3085), geändert durch Artikel 296 der Verordnung vom 25. November 2003 (BGBl. 1 S. 2304, 2341).

Weizsäcker, E. U. von/Lovins, A. B./Lovins, L. H. (1997): Faktor Vier. Doppelter Wohlstand - halbierter Naturverbrauch. Der neue Bericht an den Club of Rome, München.

# 10 Barrieren und Innovationsansätze im grenzüberschreitenden Schienenverkehr

*Kerstin Lange*[1]

## 10.1 Motivation

Die unzureichende Wettbewerbsfähigkeit der Schiene gegenüber anderen Verkehrsträgern im europäischen Raum ist der Grund für den Rückgang der Marktanteile der Schiene insbesondere im Güterverkehr.[2] Auch der Kombinierte Verkehr konnte sich bisher aufgrund der Inkompatibilität der nationalen Bahnsysteme nicht durchsetzen. Diese Unterschiede beruhen auf einer historisch gewachsenen Abschottung nationaler Netze zur Sicherung der Marktmacht des jeweiligen staatlichen Eisenbahnverkehrsunternehmens. Die nationalen Eigeninteressen haben massiv die Verkehrsverlagerung von der Straße auf die Schiene behindert.[3] Diese veraltete Strategie ist jedoch in Anbetracht internationaler Handelsbeziehungen im Rahmen der Europäischen Union und auch der weltweiten Globalisierung nicht mehr tragbar. Im Gegensatz zum Straßen- und Luftverkehr, wo internationale, gar weltweite Regeln und Normen für Lastwagenfahrer und Piloten, LKWs und Flugzeuge gelten, dominieren bei den Bahnen nationale Vorschriften und Gesetze. „So gibt es auf Europas Schienen nicht weniger als 3 Spurweiten, 5 Stromsysteme, 7 Signalsysteme und 15 nicht kompatible Leit- und Sicherungssysteme. Da wundert man sich, dass das ganze System überhaupt funktioniert."[4] Das europäische Schienenverkehrssystem kann gegenüber anderen Verkehrsträgern jedoch nur wettbewerbsfähig sein, wenn technische Hemmnisse überwunden und eine Interoperabilität zwischen den nationalen Systemen gewährleistet ist. Im Rahmen des vorliegenden Aufsatzes werden ausgewählte Barrieren und Innovationsansätze im grenzüberschreitenden Schienenverkehr analysiert.

## 10.2 Technische und organisatorische Barrieren

Neben den technischen Anforderungen existiert die Herausforderung, die organisatorischen Schwierigkeiten beim Grenzübergang zu meistern. Die Arbeitsbedingungen für das Lokpersonal sind national nicht einheitlich, Fahrdienstvorschrif-

---

[1] Dipl.-Wi.-Ing. Dipl.-Ök. Kerstin Lange, Institut für Seeverkehrswirtschaft und Logistik, Bremen.
[2] Vgl. Europäische Kommission (2002), S. 3.
[3] Vgl. Metz (2004), S. 22.
[4] Metz (2004), S. 21.

ten, Lenk- und Ruhezeiten werden unterschiedlich gehandhabt. Auch die Ausbildung und Lizenzierung eines Lokführers erfolgt nach nationalen Präferenzen. Ein LKW-Fahrer kann nach einmalig bestandener Prüfung innerhalb ganz Europas umherfahren, ein Lokführer hingegen muss für jedes zu befahrende Land eine zusätzliche Ausbildung und Prüfung auf sich nehmen. Ebenso wenig wie einheitliche Lokführerscheine gibt es eine einheitliche Sprache im Schienenverkehr. Im Luftverkehr ist weltweit die englische Sprache Standard; LKW-Fahrer brauchen formell gar keine Sprachkenntnisse nachzuweisen. Lokomotivführer hingegen müssen die Sprache der befahrenen Länder beherrschen. Dieses Wirrwarr an nationalen Regelungen führt dazu, dass bei einem Zug im grenzüberscheitenden Verkehr mehrere Zugführer an Bord sein müssen. Auf der Strecke Charleroi-Paris sind beispielsweise fünf Zugführer erforderlich: zwei in Belgien, drei in Frankreich.[5]

Die Schienenverkehrslandschaft in Europa besteht derzeit aus diversen unterschiedlichen Systemen, auch innerhalb einzelner Länder liegen z.T. mehrere, nicht kompatible Systeme vor. So fahren in einigen Ländern die Lokomotiven mit Gleichstrom, in anderen mit Wechselstrom unterschiedlicher Frequenzen. Ursprünglich wurde Gleichstrom für die elektrische Zugförderung verwendet, weswegen im Weltmaßstab auch heute noch über die Hälfte aller elektrischen Bahnen Gleichstrombahnen sind. Erst in den 40er Jahren wurden erste Erfahrungen mit einem 50-Hz-Bahnstromsystem gewonnen, welches gegenwärtig bei Neuelektrifizierungen bevorzugt zur Anwendung kommt.[6] Abbildung 25 zeigt die Vielfalt an Stromsystemen in Europa. Anzumerken ist, dass in den abgebildeten Ländern nur ein Teil der Schienenwege elektrifiziert ist. Für nicht elektrifizierte Strecken müssen Dieselloks vorgehalten werden.

Zugsicherungssysteme sind Einrichtungen, die Zusammenstöße zwischen zwei auf dem selben Gleis fahrenden Zügen verhindern sollen. Aufgrund der geringen Reibung zwischen Rad und Schiene ergibt sich bei Schienenfahrzeugen ein im Vergleich zu Straßenfahrzeugen langer Bremsweg, der bei zunehmender Geschwindigkeit quadratisch ansteigt. Um die Streckenkapazität eines Gleises zu erhöhen und gleichzeitig einen ausreichenden Sicherheitsabstand zwischen zwei Zügen zu gewährleisten, kann eine freie Strecke in mehrere Blöcke eingeteilt werden, auf denen jeweils nur ein Zug fahren darf. Ein Vorsignal und ein in einem Abstand von einem Kilometer entferntes Hauptsignal zeigen an, ob ein nachfolgender Gleisabschnitt befahren werden darf. Um die Gefahr von Kollisionen aufgrund der Missachtung von Signalen zu mindern, wurden in den europäischen

[5] Vgl. Europäische Kommission (2001), S. 32.
[6] Vgl. Kießling (1998), S. 3.

Ländern diverse Systeme entwickelt, die notfalls eine selbsttätige Bremsung des Zuges auslösen.

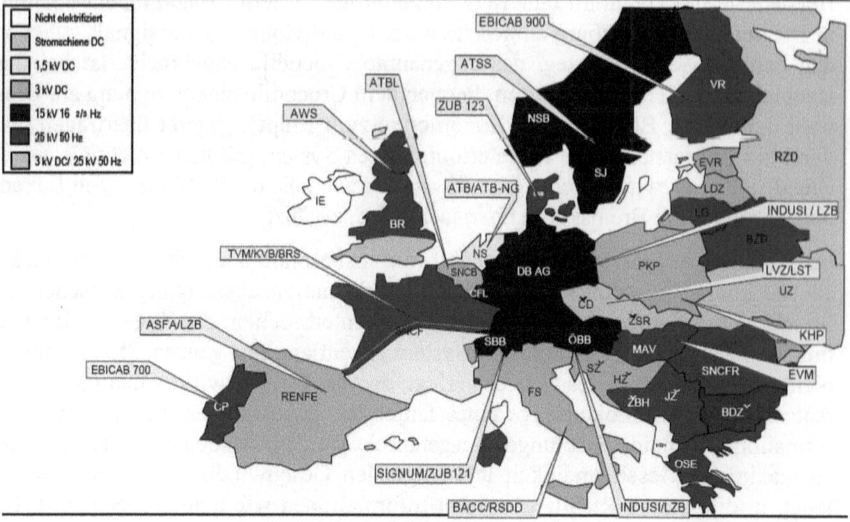


**Abb. 25: Europäische Strom- und Zugsicherungssysteme (Quelle: Railion Deutschland AG)**

Grundsätzlich wird bei Zugsicherungssystemen zwischen der *punktförmigen Zugbeeinflussung* (*PZB*) und der *Linienzugbeeinflussung* (*LZB*) unterschieden.[7] Beide Zugsicherungssysteme erzwingen die Beachtung sicherheitsrelevanter Fahraufträge, indem sie unabhängig vom Fahrzeugführer auf die Fahrzeugsteuerung einwirken und beispielsweise bei der Missachtung eines Haltesignals eine Zwangsbremsung des Zuges bis zum Stillstand einleiten. Bei der *punktförmigen Zugbeeinflussung* wird die korrekte Beachtung der Signale durch den Zugführer nur an diskreten Punkten überwacht. Eine Übertragung von Informationen an den Zug erfolgt nur an den Stellen, an denen entsprechende Empfangseinrichtungen im Gleis eingebaut sind, wie z.B. an Bahnübergängen, Vor- oder Hauptsignalen. Zwischen den einzelnen Punkten erfolgt keine Informationsübertragung. Bei dem in Deutschland und Österreich angewendeten System der induktiven Zugsicherung (*INDUSI*) befindet sich eine Sendespule in einem Triebfahrzeug; im Gleis befinden sich sogenannte Gleismagnete. Über Resonanzwirkungen können dem Lokführer die Informationen „Warnung", „Langsam fahren" und „Halt" beim Überfahren des Gleismagneten übermittelt werden. In der Schweiz werden eben-

[7] Vgl. Fenner/Naumann/Trinckauf (2003), S. 422 ff.

falls induktive Systeme verwendet, die auf der Wechselwirkung zwischen Magneten in Lokomotive und Gleis beruhen: Bei *SIGNUM* können die Informationen „Warnung" oder „Halt" übertragen werden; bei dem moderneren System *ZUB* kann zudem die Bremskurve zwischen Vor- und Hauptsignal überwacht werden. Bei dem in Frankreich im Jahr 1872 eingeführten System *Crocodile*, das ebenfalls in Belgien und Luxemburg eingesetzt wird, ist auf Höhe des Vorsignals zwischen den Schienen ein Stahlsteg, das sogenannte Crocodile angebracht. Ist bei dem Hauptsignal ein Halt zu erwarten, liegt an dem Crocodile eine Spannung an. Diese wird durch eine Bürste an der Lokomotive zum Empfangsgerät übertragen, wodurch im Führerstand eine Hupe ertönt. Dieses System gilt heute nicht als ausreichend sicher, es wird durch weitere Systeme, wie z.B. durch *Memor II* in Luxemburg, bei dem die Bremskurve überwacht wird, ergänzt.

Bei der *Linienzugbeeinflussung* (*LZB*), die insbesondere auf Schnellfahrstrecken ab 160 km/h eingesetzt wird, erfolgt die Informationsübertragung zwischen den Streckeneinrichtungen und dem Fahrzeug ununterbrochen; die Züge werden kontinuierlich überwacht. Bei diesem System ist entlang der ganzen Strecke ein Linienleiter in der Mitte des Gleises verlegt, der als Antenne wirkt. Über eine zweite Antenne unter der Lokomotive eines fahrenden Zuges können kontinuierlich Informationen in beide Richtungen ausgetauscht werden. An den Zug werden Daten zu maximaler Geschwindigkeit und folgenden Geschwindigkeitsänderungen geleitet, in die andere Richtung werden Informationen wie aktueller Standort, Geschwindigkeit und Länge des Zuges übertragen. Jeder Zug wird mehrfach in der Sekunde durch die LZB-Streckenzentrale aufgerufen, welche aus einem Rechnersystem besteht und die Fahrbefehle berechnet. Ortsfeste Signale werden durch dieses modernere System weitestgehend entbehrlich. Dieses kostenintensive System ist für höchste Automatisierungsstufen im Schienenverkehr geeignet.[8]

Neben unterschiedlichen Strom- und Zugsicherungssystemen in den europäischen Ländern sind weiterhin abweichende Lichtraumprofile von Strecken, Brücken, Tunneln und Bahnhöfen zu berücksichtigen. Nach Maßgabe der Eisenbahn-Bau- und Betriebsordnung (EBO) wird für jedes Gleis ein Regellichtraum definiert. Dieser setzt sich zusammen aus dem von der jeweiligen Grenzlinie umschlossenen Raum und zusätzlichen Räumen für bauliche und betriebliche Zwecke unter Berücksichtigung horizontaler und vertikaler Bewegungen während der Zugfahrt. Verschiebungen aus Gleisunregelmäßigkeiten, Schwingungen von Gleisen und Fahrzeugen sowie Unsymmetrien aus unregelmäßigen Lastverteilungen werden hierbei berücksichtigt.[9] In Europa existieren sechs verschiedene Lichtraumprofile, die sich in der Höhe und/oder im Profil unterscheiden. Nicht alle Profile sind

---

[8] Vgl. Fenner/Naumann/Trinckauf (2003): Bahnsicherungstechnik, S. 423.

[9] Vgl. Schiemann (1998): Schienenverkehrstechnik – Grundlagen der Gleistrassierung, S. 244 ff.

rechteckig, wie es die heutige Bauweise bei Brücken oder Containern verlangen würde, sondern an den Seiten mehr oder weniger stark abgeschrägt. Dies hat Konsequenzen für die mögliche Ladung im Kombinierten Verkehr. Trotz der Entwicklung von Spezialwaggons mit niedrigeren Aufstellhöhen muss weiterhin die zulässige Höhe und Breite aus den bei jeder Strecke anders vorhandenen Abschrägungen der oberen Ecken individuell ermittelt werden.[10]

Auch für die Ausrüstung der Lokomotiven ergeben sich Konsequenzen aufgrund unterschiedlicher Lichtraumprofile. Die Energieversorgung der Lok erfolgt durch die Oberleitungen; der Strom wird durch die Stromabnehmer auf der Lok aufgenommen. Die Fahrdrähte verlaufen in der horizontalen Ebene im Zickzack, um eine möglichst gleichmäßige Abnutzung der Stromabnehmerschleifstücke und des Fahrdrahts selbst zu sichern.[11] Aufgrund der unterschiedlichen Lichtraumprofile sind unterschiedliche Abstände von der Mittellinie üblich, was dazu führt, dass die Maße Stromabnehmer der Lokomotiven von Land zu Land variieren (siehe Abbildung 26). So ist in Abhängigkeit von der zu befahrenden Strecke eine entsprechend ausgerüstete Lok einzuplanen.

Lokomotiven und Züge im grenzüberscheitenden Verkehr müssen ebenfalls den Brandschutzbestimmungen der zu befahrenden Länder entsprechen. Bei international eingesetzten Fahrzeugen ist es möglich, dass ausländische Brandschutznachweise durch Zulassungsbehörden akzeptiert werden.[12] Dieses Vorgehen der „Cross Acceptance“ hat sich aber nicht allgemein durchgesetzt. So dürfen beispielsweise bestimmte deutsche Züge nicht mehr in Frankreich, Italien oder Großbritannien verkehren, da die deutsche Norm „Vorbeugender Brandschutz in Schienenfahrzeugen“ den Toxizitätsanforderungen dieser Länder nicht entspricht.[13]

Eine weitere Herausforderung im internationalen Güterverkehr ist die Existenz von fünf Spurbreiten in Europa. Die Standardspurbreite, die auch in Belgien, den Niederlanden, Deutschland, Österreich der Schweiz und Italien Standard ist, beträgt 1435 mm. In Spanien und Portugal gibt es hingegen eine Breitspur von 1668 mm und eine Spur von 1000 mm, so dass die Züge, die aus anderen Ländern kommen, umgespurt werden müssen. In Finnland sowie den osteuropäischen Ländern Estland, Lettland und Litauen entspricht die Spurweite dem russischen Standard von 1524 mm.

---

[10] Vgl. Wengern (2001).
[11] Vgl. Kießling (1998), S. 40.
[12] Vgl. Heyn (2004).
[13] Vgl. DIN 5510 Teil 2; Flammschutz-online.de (2006).

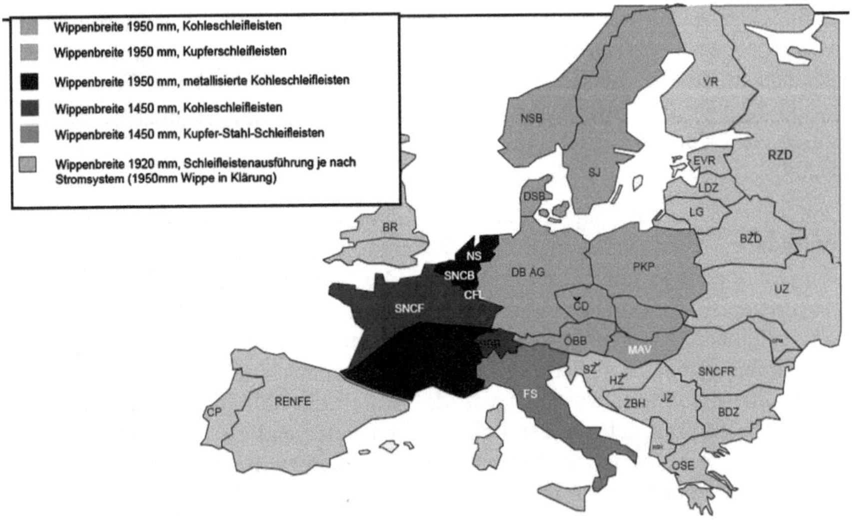


**Abb. 26: Stromabnehmer (Wippenbreiten) europäischer Bahnen (Quelle: Railion Deutschland AG)**

Auch die I&K-Technologien bestehen aus nationalen Insellösungen. Es gibt unterschiedliche IT-Systeme zur Datenübermittlung, auch im Bereich des Tracking und Tracing bestehen mehrere Systeme. An der Grenze erfolgt ein Wechsel von einem Netz zum anderen. Hier werden Informationen über Änderungen, Bestimmungsorte und Waggonzusammensetzungen weitergegeben. Zwar gibt es zum Teil Verbindungen zwischen Informationssystemen, diese werden jedoch nicht systematisch genutzt. Daher erfolgt der Informationsaustausch manchmal noch auf Papier. Die Zuverlässigkeit und Vollständigkeit von auf diesem Wege weitergeleiteten Daten ist fraglich, auch kann dieser Datenaustausch dazu führen, dass Informationen zu spät ans Ziel kommen.[14] Für den uneingeschränkten Einsatz von z.B. elektronischen Frachtbriefen jedoch sind kompatible Hard- und Software eine conditio sine qua non.

Sind die technischen Herausforderungen durch das Eisenbahnverkehrsunternehmen gelöst, müssen „nur noch" die organisatorischen Probleme des Grenzübertritts gemeistert werden. Neben unterschiedlichen Regelungen und Vorschriften für Wagenmeister[15] kommt es an der Grenze zu einem administrativ notwendigen Bruch des Transportflusses: durch die Verzollung werden die Laufzeiten von internationalen Bahntransporten verlängert. Da die Zahl der interoperablen Loko-

---

[14] Vgl. Europäische Kommission (2001), S. 32.
[15] Dieser übernimmt die technische Kontrolle der Züge an den Grenzübergängen.

motiven noch begrenzt ist, muss in der Regel ein Lokwechsel vorgenommen werden, für den die Güterzüge halten müssen. Eine Lok kann bis zur Ankunft eines Zuges blockiert sein, ein Zug kann sich verspäten, weil er auf die Ankunft einer Lok wartet. Der Informationsmangel, was die Ankunftszeiten betrifft, verschärft die Schwierigkeiten weiter. Durch das Warten auf eine freie Trasse im benachbarten Netz kann es zu zusätzlichen Verspätungen kommen. „Der Austausch einer Lokomotive eines Güterzuges und die Überprüfung der Fahrtüchtigkeit eines Zugverbandes [Austausch der Lokomotive, Bescheinigung der Zugzusammensetzung, Auswechslung des Zugführungs- und Begleitpersonals, Zuginspektion, Überprüfung von gefährlichen Ladungen, Überprüfung der Zugpapiere, Zugbildung, Bezettelung der Waggons, Eintragung des Zuges, Überprüfung des Zugschlusssignals] nehmen 30 bis 40 Minuten in Anspruch. Das gilt natürlich nur, wenn die Lok und das Personal pünktlich vor Ort sind.“[16] Von den Zügen im grenzüberschreitenden Kombinierten Verkehr ist nur die Hälfte pünktlich.[17]

## 10.3 Innovationen

Im Rahmen der Liberalisierung und Harmonisierung des Bahnmarktes in Europa werden sowohl auf politischer als auch auf technischer Ebene Innovationen eingeleitet, um den grenzüberschreitenden Schienenverkehr zu vereinfachen. In politischer Hinsicht sind die Öffnung der nationalen Schienennetze für den internationalen Verkehr, die Einführung eines europäischen Lokführerscheins und die Harmonisierung der Brandschutzbestimmungen die ersten Schritte in die Zukunft.

Durch das erste Bahnpaket der Europäischen Kommission wurde das transeuropäische Schienengüterverkehrsnetz (TERFN) für internationale Frachtdienste eröffnet. Alle Mitgliedstaaten sind verpflichtet, jedem grenzüberscheitenden Gütertransport den Zugang zu dem 50.000 Kilometer umfassenden Schienennetz zu gewähren. Trotz der Einrichtung dieses Netzes für den Schienengüterverkehr und europäischen Richtlinien, die die Zugangsbedingungen zu den europäischen Schienenwegen harmonisieren, stoßen Neueinsteiger immer noch auf hohe Hürden, weil die Vorgaben dieses Pakets von mehreren Mitgliedsstaaten noch immer nicht oder nur teilweise umgesetzt worden sind.[18] Nationale Eigeninteressen führen zu mangelnder Neutralität der Trassenmanagement-Gesellschaften, die noch z.T. integraler Part der nationalen Bahnen sind. Neu in den Markt eintretende Eisenbahnverkehrsunternehmen erfahren ein Ungleichbehandlung, die sich z.B.

---

[16] Europäische Kommission (2001), S. 32.
[17] Vgl. Europäische Kommission (2002), S. 2.
[18] Vgl. Liberalisierungsindex Bahn 2004.

durch eine bevorzugte Trassenvergabe an das Mutterhaus der Netzbehörde, verhinderte Zugänge zu Fahrplandaten oder teureren Strom zeigen.[19]

Der auf europäischer Ebene verhandelte Europäische Lokführerschein, der nun den grenzüberschreitenden Einsatz von Lokomotivführern für ganz Europa einheitlich regelt und absichert, ist zuerst im Herbst 2005 in Österreich eingeführt worden. Dieses Dokument regelt medizinische, sprachliche und berufliche Anforderungen für Lokführer im grenzüberschreitenden Verkehr. Diese Zusatzbescheinigung zur nationalen Lizenz weist aus, mit welchen Loks ein Lokführer auf welchen ausländischen Strecken fahren darf. Ein bilaterales Anerkennungsverfahren für die jeweiligen Bereiche ist nun nicht mehr erforderlich.[20] Im Bereich des Brandschutzes sollen die nationalen Vorschriftenwerke durch eine europäische Harmonisierung zum Brandschutz im Schienenverkehr ergänzt werden. Viele Teile dieser Norm (EN 45545) werden derzeit jedoch noch überarbeitet.

Ein weiterer Schritt zur Reduzierung der Laufzeiten von internationalen Bahntransporten sind vereinfachte Zollverfahren, wie beispielsweise in der Schweiz. Durch die Verlagerung der Verzollung aus dem Grenzgebiet an die Be- und Entladeorte im Landesinneren entfällt der administrativ notwendige Bruch des Transportflusses an der Schweizer Grenze. Seit dem 1.9.2004 wird auf dem Eisenbahnkorridor Holland-Deutschland-Schweiz-Italien ein vereinfachtes Zollverfahren für EU-Transite angewendet, das die Aufenthaltsdauer eines Zuges an der Grenze verkürzt.[21]

In technischer Hinsicht sind der Einsatz von Mehrsystemlokomotiven sowie die Einführung eines einheitlichen Zugsicherungssystems und eines einheitlichen, digitalen Sprechfunks für Eisenbahnen auf europäischer Ebene wesentliche Innovationen im Schienenverkehr:

Um den zeitaufwändigen Wechsel eine Lok an der Grenze zu umgehen, sind bereits einige Mehrsystemlokomotiven entwickelt und in Betrieb genommen worden. Hierdurch konnte die Aufenthaltsdauer bestimmter Züge an der Grenze verringert werden, jedoch sind trotz des Einsatzes von Mehrstromlokomotiven noch diverse Herausforderungen zu lösen. So können beispielsweise italienische Loks bauartbedingt im französischen Netz nur mit halber Kraft fahren. Weiterhin ist die Länge der Überholgleise europaweit unterschiedlich, so dass zuweilen Züge zweigeteilt werden müssen, was einen Zeitverlust mit sich bringt. Die Streckenkapazität könnte beispielsweise auf ausgewählten italienischen Stecken um 50 Prozent erhöht werden, wenn die Kreuzungsgleise von derzeit 500 Metern Länge auf die in Europa übliche und der internationalen Norm entsprechende Länge von

[19] Vgl. Metz (2004), S. 22.
[20] Vgl. ÖBB (2005).
[21] Vgl. Metz (2004), S. 23.

750 Meter verlängert würden. Hinzu kommen unterschiedliche Verkehrsregelungen und Gewichtsbeschränkungen.[22]

Der Aufbau des europäischen Eisenbahnverkehrsleitsystems ERTMS (*European Rail Traffic Management System*) zur technischen Harmonisierung des konventionellen transeuropäischen Eisenbahnsystems und zur Verkürzung der Grenzaufenthaltszeiten von Zügen wird durch die EU-Kommission vorangetrieben.[23] Dieses Zugmanagement- und Kontrollsystem setzt sich aus zwei Komponenten zusammen: Mit dem digitalen Mobilfunkkommunikationsnetz GSM-R (*Global System for Mobile communication – Railways*) können Informationen zwischen den Funkstellen auf den Strecken und in den Zügen ausgetauscht werden.[24] Es soll die heutigen analogen Funksysteme für Betriebs-, Zug-, Rangier- und Kraftfahrzeugfunk durch ein alle Dienste integrierendes System ersetzen.[25] Das Zugsteuerungs- und Zugsicherungssystem ETCS (*European Train Control System*) soll langfristig die Vielzahl der in den europäischen Ländern eingesetzten Zugsicherungssysteme ablösen und so eine grenzüberschreitende Zugführung in ganz Europa ermöglichen. Die kostenaufwändige Nachrüstung jedes Zuges und jeder Lokomotive im grenzüberschreitenden Einsatz kann so umgangen werden.

Bei ETCS werden *Eurobalisen* und *Euroloops* im Gleisbett verlegt. Die sogenannten Eurobalisen sind bidirektionale Datenübertragungseinrichtungen an diskreten Punkten, die beim Überfahren durch einen Zug Daten übertragen. Je nach Typ der Balise können die Daten konstant oder veränderbar sein. Euroloops können mit der Linienzugbeeinflussung verglichen werden und basieren auf der Verlegung von Kabeln entlang des Gleisbettes. Die Ausrüstung der Lokomotiven, die aus dem ETCS-Rechner und dem Führerstand besteht, wird als *Eurocap* bezeichnet. Eurocap wertet die von den Eurobalisen erhaltenen Daten aus und gleicht diese via Euroloop mit dem Leitrechner des Stellwerkes ab. Je nach Anforderung und Nutzungsprofil einer Strecke werden drei Stufen des ETCS definiert, die abwärtskompatibel sind:[26]

- *ETCS Level 1* baut auf der vorhandenen Infrastruktur auf und ergänzt sie. Die Eurobalisen funktionieren im Sinne einer punktförmigen Zugbeeinflussung. Zudem ermöglichen sie dem Stellwerk eine genaue Ortung des Zuges, wenn dieser die Balisen überfährt.

---

[22] Einsatz von interoperablen Lokomotiven auf der Strecke Lyon-Turin; vgl. Europäische Kommission (2001), S. 34.

[23] Interoperabilitätsrichtlinie 2001/16/EG, vgl. Litra (2005).

[24] Derzeit existieren hauptsächlich analoge Zugfunksysteme, die länderspezifisch jedoch auf unterschiedliche Frequenzen (i.d.R. 160 MHz oder 450 MHz) zurückgreifen.

[25] Vgl. Schiemann (1998), S. 13.

[26] Vgl. Fenner/Naumann/Trinckauf (2003), S. 439ff.

- Bei *ETCS Level 2* werden die Balisen zur Ortung eines Zuges eingesetzt. Sie dienen als „elektronische Kilometersteine“ zum Abgleich der groben Position eines Zuges. Die Feinortung erfolgt durch Odometrie (Wegmessung) auf der Lok. Der Zug meldet via Funk (GSM-R) seine ermittelte Position an die Streckenzentrale und empfängt von dort Daten über zulässige Geschwindigkeiten etc.
- Bei *ETCS Level 3* wird auf die Einteilung einer freien Strecke in Blockabschnitte verzichtet. Die Abstände der Züge werden fließend kontrolliert; die Züge sind so unabhängig von definierten Gleisabschnitten und können so in Abhängigkeit von der Geschwindigkeit dichter hintereinander geführt werden. Auf diese Weise ist eine höhere Auslastung der Gleisstrecken möglich. Allerdings muss ein System zur Zugvollständigkeitskontrolle entwickelt werden, da abgetrennte Waggons unerkannt auf der Strecke bleiben und eine Gefahr für nachfolgende Züge darstellen können.

Nach dem erfolgreichen Betrieb des ETCS auf Teststrecken soll die intensive Einführung des einheitlichen Systems Anfang 2007 beginnen und sich über einen Zeitraum von zehn Jahren erstrecken. Es wird mit Kosten von etwa acht Milliarden Euro für die europaweite Einführung des Systems gerechnet.[27]

Eine weitere Möglichkeit der Zugsicherung könnte in der satellitengestützten Positionsbestimmung liegen. Ein innovatives Programm, hervorgegangen aus einer gemeinsamen Initiative der Europäischen Union und der Europäischen Weltraumorganisation (ESA), ist GALILEO. Es beinhaltet das erste satellitengestützte Positionsbestimmungs- und Navigationssystem speziell für zivile Zwecke.[28] GALILEO basiert auf einer Konstellation von 30 Satelliten und Bodenstationen, die Nutzer aus den verschiedensten Bereichen mit Ortungsinformationen versorgen können. Dem Schienenverkehr können Anwendungen im Bereich der Zugsteuerung, der Zugüberwachung, der Trassenüberwachung und ebenfalls des Flottenmanagements zugute kommen. Ein erstes Pilotprojekt zum Einsatz im Schienenverkehr ist GADEROS (*Galileo Demonstrator for Railway Operation Systems*), das auch mit ERTMS kombiniert werden kann. Allerdings ist die erzielbare Genauigkeit der Position für den sicherheitsrelevanten Bereich des Eisenbahnverkehrs noch nicht ausreichend, da eine gleisgenaue Aussage bei mehrgleisigen Strecken nicht gewährleistet ist. Im Gegensatz zur Luftfahrt kann es außerdem zu Abschattungen und Einflüssen durch Tunnel, Oberleitungen oder Objekte wie Brücken und Gebäuden kommen.[29] Eine Lösung dieser Problematik könnte in

---

[27] Vgl. Vertretung der Europäischen Kommission in der BRD (2005).

[28] Vgl. Ward (2006), S. 22f.

[29] Vgl. Grimm (2005), S. 28f.

der Kombination verschiedener Messprinzipien liegen, um Sicherheit und Verfügbarkeit zu gewährleisten.

## 10.4 Fazit

Der in einem einheitlichen Europa zunehmende grenzüberschreitende Schienenverkehr erfordert von den Fahrzeugen und der Infrastruktur ein hohes Maß an Interoperabilität. Derzeit wird der Schienenverkehr jedoch immer noch durch nationale Insellösungen beeinträchtigt, während gleichzeitig der Straßenverkehr, bei dem keine technischen Hindernisse bestehen und der Flugverkehr, bei dem es international einheitliche Standards gibt, davon profitieren. Dennoch sind bereits innovative Lösungen zur Vereinfachung des internationalen Schienenverkehrs in der Realisierungsphase. Durch zukunftsträchtige Innovationen im Schienenverkehr können bestehende Barrieren langfristig abgebaut werden. Durch die Integration der nationalen Systeme soll das Ziel einer ausgewogeneren Verteilung der Verkehrsträgeranteile der Europäischen Kommission erreicht werden. Der Güterverkehr über die Straße verursacht negative externe Effekte und Umweltverschmutzung. Trotzdem werden hier im Gegensatz zur Schiene immer noch hohe Investitionen getätigt. Im Sinne eines nachhaltigen Wirtschaftens ist die Integration der nationalen Systeme und eine Investition in die Stärkung der Schiene unabdingbar und eine Investition in die Zukunft.

## Literaturverzeichnis

Europäische Kommission, Generaldirektion Energie und Verkehr (2002): Auf dem Weg zu einem integrierten europäischen Eisenbahnraum.

Europäische Kommission (2001): Weißbuch: Die europäische Verkehrspolitik bis 2010: Weichenstellung für die Zukunft.

Fenner, W./Naumann, P./Trinckauf, J. (2003): Bahnsicherungstechnik.

Flammschutz-online.de (2006): Anforderungen an das Brandverhalten von Schienenfahrzeugen: Europäische und deutsche Entwicklungen.

Grimm, M. et al. (2005): Anforderungen an eine sicherheitsrelevante Ortung im Schienenverkehr.

Heyn, J. (2004): Brandschutz in Schienenfahrzeugen, in: Eisenbahningenieur, September 2004.

Kießling, F. (1998): Fahrleitungen elektrischer Bahnen – Planung, Berechnung, Ausführung.

Liberalisierungsindex Bahn 2004: Vergleich der Marktöffnung der Mitgliedstaaten der Europäischen Union, der Schweiz und Norwegens.

Litra: Verkehrspolitische Chronik 2005, http://litra.ch/Ausw_D/Chronik/J2005/vpc0507.htm.

Metz, K. (2004): Standortbestimmung aus der Praxis: Liberalisierung des Bahngüterverkehrs und Verkehrsverlagerung durch die Schweizer Alpen.

ÖBB (2005): Europa ohne Grenzen mit neuem Lokführerschein.

Schiemann, W. (1998): Schienenverkehrstechnik – Grundlagen der Gleistrassierung.

Vertretung der Europäischen Kommission in der Bundesrepublik Deutschland (4.7.2005): Europäisches Zugsicherungs-/Zugsteuerungs- und Signalgebungssystem; http://www.europa-web.de/europa/03euinf/07eukomm/zugsicherung.htm.

Ward, N. (2006): Galileo – What a European sat-nav system can offer, in: Seaways – The International Journal of The Nautical Institute, Januar 2006.

Wenger, H. (2001): UIRR 30 Jahre – Geschichte der UIRR und des Kombinierten Güterverkehrs Schiene-Straße in Europa 1970-2000.

# 11 Die Weiterentwicklung der Balanced Scorecard für Unternehmensnetzwerke am Beispiel von Güterverkehrszentren

*Michael Moehlmann*[1]

## 11.1 Ausgangssituation

Unternehmen (-skooperationen) im Informationszeitalter müssen in ihr intellektuelles Kapital investieren und dieses managen, wenn sie erfolgreich sein wollen. Funktionale Spezialisierungen muss in den kundenorientierten Geschäftsprozess integriert werden. Massenproduktion von Standardprodukten und -dienstleistungen muss durch flexible, schnelle und hochqualifizierte Bereitstellung innovativer Produkte und Dienstleistungen, die auf die Kundenzielgruppe abgestimmt sind, ersetzt werden. Innovation und Verbesserung von Produkten, Serviceleistungen und Prozessen wird durch noch qualifiziertere Arbeitskräfte, hochwertigere Informationstechnologien und aufeinander abgestimmte Organisationsabläufe erreicht.

Da Organisationen vorrangig in die Ausschöpfung dieser Potenziale investieren, kann ihr Erfolg nicht kurzfristig durch ein traditionelles Rechnungswesenmodell gemessen oder motiviert werden. Dieses Modell wurde für Handelsunternehmen und Unternehmen des Industriezeitalters entwickelt und misst vergangene Ereignisse (Spätindikatoren) und nicht die Potenziale, die in Zukunft noch wertschöpfend sind.

Der Anfang der neunziger Jahre entwickelte Ansatz der Balanced Scorecard (BSC) schafft einen neuartigen Rahmen zur Integration von strategischen Maßnahmen. Sie enthält beispielsweise die finanziellen Kennzahlen vergangener Leistungen und führt gleichzeitig zukünftige finanzielle Leistungstreiber ein. Diese Kenngrößen, welche die vier Perspektiven Kunde, interne Geschäftsprozesse sowie Lernen und Wachstum umfassen, werden aus einer expliziten und kompromisslosen Übersetzung der Unternehmensstrategie in konkrete Leistungsziele und Maßnahmen abgeleitet (siehe Abbildung 27).

Die BSC ist jedoch mehr als ein neues Kennzahlen- bzw. Messsystem. Innovative Unternehmen verwenden sie als den zentralen und organisatorischen Rahmen für ihre gesamten Managementprozesse. Klärung, Konsens und Fokus ihrer Strategie sowie die Kommunizierung dieser Strategie in der gesamten Organisation. Die

---

[1] Dipl.-Oec. Michael Moehlmann, GVZe Bremen.

„wirkliche Kraft“ der BSC tritt jedoch erst zutage, wenn sie von einem Messsystem zu einem Managementsystem wird.

Die BSC füllt die Lücke, die in den meisten Managementsystemen klafft: der Mangel an systematischen Prozessen zur Durchführung und Rückkopplung der Unternehmensstrategie. Managementprozesse, die in Verbindung mit der Scorecard geschaffen wurden, befähigen die Organisationen dazu, sich immer wieder an die Strategie anzupassen und die zu verfolgen. Auf diese Weise wird die BSC zur Grundlage für das Management der Unternehmen im Informationszeitalter.

## 11.2 Die klassische Balanced Scorecard

Die BSC hat ihren Ursprung im Performance Measurement und bildet einen neuartigen Rahmen zur Integration strategischer Maßnahmen. Weiterhin ist die BSC ein Instrument zur Unterstützung kritischer Managementprozesse. Hierzu zählen die Identifikation und Spezifikation von Unternehmensvision und -strategie, die Kommunikation und Verknüpfung strategischer Ziele und Maßnahmen, die Planung, Zielbestimmung und Festlegung strategischer Initiativen und abschließend die Verbesserung von Feedback- und Lernprozessen. Es ist damit nicht nur ein taktisches und operatives Managementsystem, sondern eignet sich ebenfalls zur langfristigen Strategieverfolgung als ein strategisches Managementsystem und ist damit weit mehr als ein neues Kennzahlen- bzw. Messsystem.

Das Konzept ist aus der zunehmenden Kritik an der Eindimensionalität finanzieller Kennzahlensysteme entstanden, und kann im Gegensatz zu traditionellen Kennzahlensystemen sowohl vergangene Leistungen mit Hilfe finanzieller Kennzahlen der Finanzperspektive als auch zukünftige finanzielle Leistungstreiber abbilden, indem es neben den monetären Kennzahlen der Finanzperspektive nichtmonetäre Kennzahlen über einen Kunden-, eine interne Prozess- sowie eine Lern- und Entwicklungsperspektive in das Steuerungssystem einbindet.

Eine Perspektive definiert sich als themenbezogene Auswahl von Kennzahlen, Zielen, Vorgaben und Maßnahmen, die zum einen als Kategorie zur Systematisierung und zum anderen als Grundlage für die Erarbeitung strategierelevanter Mess- und Steuerungsgrößen dient.

Die in der BSC zu verwendenden Kennzahlen sind allerdings nicht isoliert zu betrachten, da sie durch Ursache-Wirkungsbeziehungen miteinander verknüpft sind. Diese Verknüpfung ist ein zentraler Bestandteil der BSC-Konzeption. In der BSC beeinflussen Maßnahmen einer Perspektive über Ursache-Wirkungsbeziehungen die Messgrößen (mindestens) einer anderen Perspektive. Ursache Wirkungsbeziehungen visualisieren so die Zielwirkung geplanter Maßnahmen. Durch die eine Maßnahme angestoßene Kausalkette sollte alle Perspektiven der BSC durchlaufen und ihre finale Wirkung in der Finanzperspektive entfalten. Dadurch können Konsequenzen zumeist sachzielbezogener Maßnahmen auf die Finanzperspektive transparent gemacht werden. Wird die Finanzperspektive durch eine Maßnahme nicht beeinflusst, ist entweder die Kausalkette nicht korrekt entworfen oder der „time lag" sehr groß. Die Abbildung der Ursache-Wirkungsbeziehungen dient als Instrument der Kommunikation der Strategie und hebt Wirkungszusammenhänge der einzelnen Ziele hervor, die eine gezielte Zurechnung von Planungsabweichungen auf die Unternehmensstrategie ermöglichen.

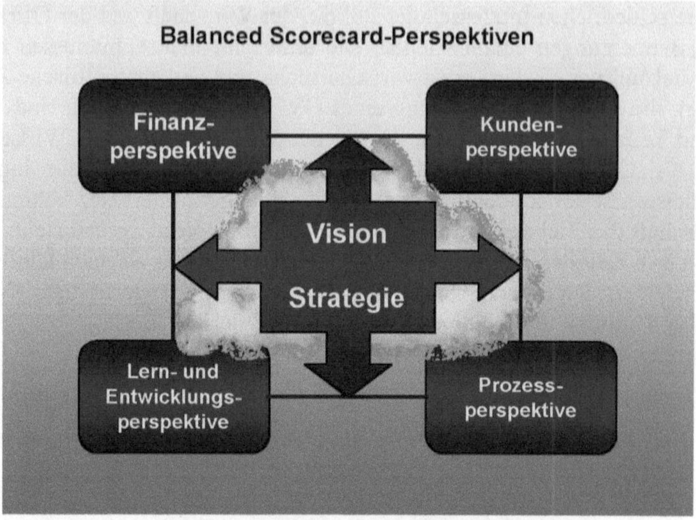


**Abb. 27: Die klassische BSC nach Kaplan/Norton**

## 11.3 Ansätze und Chancen einer BSC für Unternehmensnetzwerke am Beispiel von Güterverkehrszentren

Die in den Punkten Ausgangssituation und klassische Balanced Scorecard beschriebenen Sachverhalte und möglichen Anwendungsgebiete beziehen sich bisher auf die einzelne Unternehmung oder eine eigenständige Geschäftseinheit. Im Folgenden soll nun ein erster Ansatz vorgenommen werden, der versucht das Prinzip der BSC auf Unternehmensnetzwerke (hier am Beispiel eines Güterverkehrszentrums) zu übertragen und anzuwenden.

Ein Güterverkehrszentrum (GVZ), dass folgend kurz definiert und beschrieben wird, kann als eine Art kooperierendes Unternehmensnetzwerk mit einer Vielzahl von Akteuren (selbstständige Unternehmenseinheiten) angesehen werden.

Danach ist ein GVZ eine Verkehrsgewerbefläche, auf der sich Verkehrsbetriebe unterschiedlicher Ausrichtung (Transport, Spedition, Lagerung, Service, logistische Dienstleistung) als selbstständige Unternehmen ansiedeln und die an mehrere, mindestens zwei Verkehrsträger gebunden ist. Ein wesentlicher Punkt „spielt“ dabei auch der Kooperationsgedanke sowie das Vorhandensein einer neutralen und moderierenden Trägerschaft (GVZ Entwicklungsgesellschaft/GVZ-E), die vorhandene Synergiepotenziale identifiziert und projektiert.

Im Rahmen der Diskussion hinsichtlich der Ziele von Güterverkehrszentren sind die unterschiedlichen Interessen der Politik, der Wirtschaft und der Öffentlichkeit in die Betrachtungen einzubeziehen. Die unterschiedlichen Interessen führen zu einer Vielzahl von Zielen (privatwirtschaftliche und verkehrspolitische Zielorientierung), die bei einer Realisierung eines GVZ zu berücksichtigen sind. Alle Unter- und Teilziele sind unter dem Aspekt der Modernisierung des Wirtschaftsverkehrs als Oberziel zu betrachten und zu bewerten. Für die logistischen Dienstleister ist das Rentabilitätsziel von vorrangigem Interesse, während für die Gesellschaft das Ziel der Attraktivität der Region im Vordergrund steht. Die Interessen der beteiligten Gruppen sind sowohl komplementär als auch konfliktär. Sie überschneiden sich allerdings nach dem Bestreben von längerfristiger Kontinuität und abgestimmten Perspektiven. Alle Subziele leisten Beiträge zu den Zielen Rentabilität, Kontinuität und Attraktivität.

**Abb. 4: Der Entwicklungspfad einer BSC nach Kaplan/Norton**

Sie ist „Architekt“ der gesamten BSC. Betreffend der Anforderungen einer BSC für ein Güterverkehrszentrum muss über die Frage von Weiterentwicklungen und Zusatzperspektiven nachgedacht werden.[2] Grundsätzlich bestehen zwei Möglichkeiten der Erweiterung der klassischen Scorecards:

Beim additiven Ansatz wird den klassischen Perspektiven eine weitere Perspektive hinzugefügt, um deren besonderen Belange ausgiebig zu berücksichtigen. Im weiteren Sinne zählt dazu auch das Herauslösen von einzelnen Aspekten aus einer klassischen und Akzentuierung als eigenständige Perspektive.

Im integrativen Ansatz werden die klassischen Perspektiven beibehalten (oder ggf. teilweise ersetzt), in jeder Perspektive werden aber zusätzlich weitere, strategisch bedeutsame Aspekte integriert. Der Vorteil dieser Variante liegt in der Beibehaltung der Anzahl der Perspektiven und damit auch in der Übersicht der Ziele und Kennzahlen, während gleichzeitig die besondere Sichtweise quer durch jede Scorecard verfolgt wird und in jede Zielformulierung einfließt.

Im Management von Wertschöpfungsketten (Supply-Chain-Management) geht man davon aus, dass die Positionierung und der Wettbewerb nicht mehr zwischen einzelnen Unternehmen, sondern zwischen konkurrierenden Wertschöpfungsketten stattfinden und entschieden wird. Deshalb sind nicht nur die unternehmensinternen Wertschöpfungsketten zu analysieren und zu optimieren, sondern - über die eigenen Unternehmensgrenzen hinweg - die gesamten wertschöpfenden Prozesse.

Die klassische BSC fokussiert hauptsächlich eine Unternehmung. Sofern sie unternehmensübergreifend (beispielsweise für ein Netzwerk von Unternehmungen) gestaltet werden soll, muss sie auch unternehmensübergreifend entwickelt und abgestimmt werden.

Die Vorteile einer Weiterentwicklung einer BSC für Unternehmensnetzwerke liegen insbesondere in der Operationalisierung von Strategien und in der Möglichkeit, sie über ihre Perspektiven kooperationsweit bzw. in einem GVZ-Netz verknüpfen zu können. Gelingt es, die BSC dahingehend weiterzuentwickeln, kann sie ein geeignetes und flexibles Controllinginstrument für Unternehmenskooperationen und -netzwerke, wie sie in Güterverkehrszentren existieren, werden.

## Literaturverzeichnis

Kaplan, R. S. /Norton, D. P. (1997): Balanced Scorecard, Strategien erfolgreich umsetzen, Stuttgart.

---

[2] Vgl. Schulze im Hove, A./Stüllenberg, F. (2003).

Schulze im Hove, A./Stüllenberg, F. (2003): Ausgestaltung der Netzwerk-Balanced Scorecard für Güterverkehrszentren, Dortmund.

# 12 Kooperationen in der Luftfahrtindustrie - Perspektiven für Ost-West-Europäische F&E

*Anna Kolmykova*[1]

## 12.1 Kooperationen zwischen Transformation und Nachhaltigkeit

Eines der Merkmale der „New Economy" ist die „direct interdependencies" zwischen Randländern und der EU. Die Luftfahrtindustrie ist dabei als ein hoch innovativer Bereich mit hohem Potenzial anzusehen. Kooperationen zwischen der EU und seinen Nachbarn, wie auch die Integration von neuen europäischen Ländern in diesem Bereich, sind zurzeit von großer politischer und strategischer Bedeutung.

Die turbulenten Transformationsprozesse während der Systemwandlung in Osteuropa auf Makro- und Mikroebene stehen in Verbindung zum indirekten Ansatz der Komplexitätstheorie und Systemtheorie (Beispiel: Strukturveränderungen verändern den Systemstand). Transformation in Unternehmen (Bewältigung von systemischen Defekten) sind mit breiteren Modernisierungsmaßnahmen, dem Management, den Strukturen und der Strategie betreffend,[2] verbunden. Die rationale Transformationsstrategie beinhaltet entsprechende Visionen oder Orientierungen, Instrumentalisierung von Wettbewerb, nachhaltige Reformen und andere wirtschaftspolitische Anreize, die unter anderem Direktinvestitionen und internationale Kooperationen stimulieren.[3] Für die Luft- und Raumfahrt sind die Integration dieses Schlüsselsektors in internationale Wertschöpfungsketten und die Förderung von Privatfirmen die Schwerpunkte der industriellen Umstrukturierungsstrategie.

Seinerzeit wurde auch eine weit stärkere Unterstützung des Transformationsprozesses durch die internationale Gemeinschaft unterstellt. Im Verlauf von EBRD Beratungsarbeit, nationalen Programmen für die Nachhaltige Entwicklung, das TRANSFORM-Programm der deutschen Bundesregierung und NATO-Wissenschaftsprogramm „Von der Transformationswirtschaft zur Nachhaltigen Entwicklung", etc. wurde unter anderem ein großer Bedarf für eine internationale Partnerschaft zur Lösung der aktuellen Probleme entdeckt.

---

[1] Anna Kolmykova, Lehrstuhl für Allgemeine Betriebswirtschaftslehre, Produktionswirtschaft und Industriebetriebslehre, Universität Bremen.

[2] Vgl. INCO – Copernicus (2001).

[3] Vgl. Sell/ Schauf (2003).

Zwar können Institutionen zu „stabilisierten" Verhaltensmustern führen und damit als Mittel zu stabilen Kooperationen fungieren, dies schützt jedoch nicht vor Bifurkationen, die aus der synergetischen Perspektive auch als die Möglichkeit für qualitative Entwicklung bezeichnet werden kann. Die dabei vorkommenden Kooperationsprozesse sind mit der prozessuellen Evolution zu erklären.[4] Unter anderem besitzt die Kooperation durch deren endogene Produktivität ein dynamisches Potential.

Neuere Prozessansätze in der Kooperationsforschung[5] und ein postmodernes Verständnis von Organisationsentwicklung[6] erlauben uns nun weitere kooperative Entwicklungsmuster zu modellieren und in einen Zusammenhang mit Transformationen von Organisationen zu bringen.

Im Verlauf von Transformationsprozessen und Globalisierung treten gleichwohl asymmetrische Entwicklungen auf. Besonderes in Hochtechnologie-Industrien, deren Entwicklungsstand dem Niveau der ökonomischen Entwicklung nicht entspricht. Erhebliche strukturelle Differenzen und unterschiedliche Grade der Deformation zwischen Transformationsländern selbst beeinflussen tatsächliche Anpassungen und verhindern das Initiieren von Kooperationsprozessen mit Modellcharakter. Die Spezifität innerer politisch-gesellschaftlicher Faktoren erklärt die Differenzierung zwischen Ländergruppen der EU-Kooperationsprogramme, nämlich „Accession Countries" (Bulgarien, Rumänien und Türkei), „Associated Countries" und „Third Countries".

Die bisherigen Unterschiede (Asymmetrien) in der wirtschaftlichen und organisatorischen Entwicklung, als auch das Fehlen geeigneter Koordinationsformen zwischen diesen Ländergruppen und der Europäischen Union erschweren im großen Maße die Teilnahme von Osteuropäern an internationalen Luftfahrtprogrammen.

## 12.2 Kooperation und Wettbewerb - Die Kooperationsmotive

Die empirische Kooperationsforschung stellt fest, dass die Realisierung von Synergieeffekten durch Nutzung komplementären technischen Wissens der wichtigste F&E-Kooperationsgrund ist.[7] In unserem Falle aber haben Kooperationen nur dann Sinn, wenn die Partner wirklich vom anderen Lernen können. Reflexives Lernen bei Ost-West F&E-Kooperationen generiert die Diffusion neuen Wissens

---

[4] Vgl. Kirsch (1997).

[5] Vgl. Kutschker (2003).

[6] Vgl. Kirsch (1997); Heinl (1996).

[7] Vgl. Oesterle (2003).

und weil eine enge Abhängigkeit zwischen organisatorischem Lernen und Veränderungen in der Organisation besteht, noch Anpassungs- und Entwicklungsprozesse.

Auf solche Weise interagieren und unterstützen sich Kooperation und organisatorische Entwicklung gegenseitig. Es wird vermutet, dass kontinuierliche organisatorische Entwicklung durch und für Kooperationen die Wertschöpfungskette und die nachhaltige Entwicklung der Luftfahrtindustrie beeinflusst.

Die Konsolidierung der Industrie greift jetzt auf den osteuropäischen Raum über (z.B. EADS Poland). Um sich vor Fusionen und Auflösungen zu schützen, stärken die folgenden Kompetenzen die Wettbewerbsfähigkeit neuer und zukünftiger EU–Mitglieder: Forschung und Entwicklung, Fertigungsprozesse und Technologien, das Angebot von MRO- (Maintenance, Repair, Overhaul) Dienstleistungen, Allianzfähigkeit und effektive Nutzung regionaler Strukturen.

Die Synergieeffekte entstehen durch die Koordinierung dieser spezifischen Problemlösungskompetenzen der beteiligten Partner. Das heißt u.a. eine optimale Balance zwischen „Geben" und „Nehmen" zu finden, die Kontrolle der Autonomie und Anpassung.

Die synergetische Verknüpfung oder der gemeinsame Aufbau organisationaler Kompetenzen und wissensbasierte Ressourcen oder idealerweise die Herausbildung einer universalen Kooperationskompetenz,[8] sind Grundlage von Wettbewerbsvorteilen und damit ein Beitrag für sozial-ökonomische Leistungen.

Außer niedrigen Produktionskosten sind die gut ausgebildeten Arbeitskräfte der neuen Europaländer ihre wichtigsten relativen Faktorvorteile. Die qualifizierten Luftfahrtingenieure aus diesen Ländern und das niedrige Lohnniveau ermöglichen einen Wettbewerb mit westlichen Staaten. Allerdings ist es profitabler, eine kooperative Kostenverteilung wie z.B. in Netzwerken vorzunehmen, als im Wettbewerb auf dem europäischen F&E-Markt zu agieren, wo auch menschliche Ressourcen teuer und schwerer reproduzierbar sind. Dementsprechend ist Kostenreduzierung der wichtigste F&E-Kooperationsgrund der westlichen Seite. Die Tendenz zur Kostenreduzierung, die durch die Krise in der Luftfahrtindustrie verursacht worden ist, setzt sich bei der Zulieferindustrie fort und verursacht dort eine Verlagerung von Produktionskapazitäten nach Osteuropa.

Die zusätzlichen Kontrollmechanismen, welche typisch für Ost-West Kooperationen sind, resultieren anderseits in zunehmenden Koordinationskosten. Deshalb übernimmt die EU–Kommission z.B. die Transaktionskosten für den Netzwerk-

---

[8] Vgl. von der Oelsnitz (2003), S. 186.

aufbau (Partnersuche und Aufbau gemeinsamer Standards) in „Networks of Excellense“ in Aeronautik.

Die Kreativitäts- und innovationsförderliche Wirkung der F&E-Kooperationen entspricht der Integrationspolitik des neuen Europas und erscheint als ein weiteres Kooperationsmotiv. Die Luft- und Raumfahrt Industrie, als hoch innovativem und forschungsintensivem Bereich zur Förderung einer European Research Area, erbringt einen Beitrag zur Vertiefung langfristiger Technologie-Kooperationen im neuen Europa sowie zur Generierung von Maßnahmen zur Koordinierung von Innovationen in komplexen integrierten Systemen.[9] Der Aufbau gemeinsamer F&E-Strukturen für Aeronautik unter der Leitung der „Vision 2020“ durch internationale Partnerschaft um Weltmarktführer zu werden, ist das Ziel, das von ACARE – Advisory Council for Aeronautics Research in Europe (in Strategic Research Agenda (SRA)) festgelegt wurde. Die umfangreichen Erfahrungen der Luftfahrtindustrie in transnationalen Programmen ermöglichen es, die osteuropäischen Beteiligten in cross-sektoralen multinationalen Kooperationen zu involvieren.

Es ist auch darauf hinzuweisen, dass Leistungen durch internationale Kooperationen risikoloser und reibungsärmer als über Direktinvestitionen in F&E-Leistungen zu erstellen sind.[10] So sind Ost-West Luftfahrtkooperationen meistens das Ergebnis staatlicher Initiativen gewesen und die Beweggründe für selbständiges Agieren sind stark von politischer Förderung abhängig. Die Rolle von Unterstützungsprogrammen (in erster Linie EU 6FP, wo Aeronautik als Priorität gilt) und gesamtpolitischer Regulierung darf nicht unterschätzt werden.

Allerdings sind Institutionalisierung der Anreizmaßnahmen auf der Ebene der KMUs und Verknüpfung der privaten Interessen der Akteure nicht vorhanden.

## 12.3 Entwicklung eines Handlungsmusters

Die Kooperation bedarf einer Orientierung. Orientierung stabilisiert und bildet ein Muster im Chaos. Die Orientierungsvision Nachhaltigkeit ist ein modernes Leitbild zur kooperativen Lösung akkumulierter Probleme und ein guter integrierender Mechanismus.

Nachhaltigkeitsorientierte Kooperationen sind diejenigen, die nachhaltigkeitsbezogene Problemlösungsbeiträge leisten können und Motivation für verantwortliche Kooperationen (mit gesellschaftlichen Effekten) aktivieren.

---

[9] Vgl. Aerospace within the European Research Area (2004).

[10] Vgl. Oesterle (2003), S.640.

Die Kooperation als sozialer Handlungstyp rückt ihr moralisches Potenzial der kulturellen Evolution in den Mittelpunkt. Dabei ist die höchste Ausformung der Kooperationsarten die der verantwortlichen Kooperation.[11]

Solche auf Verantwortung basierende Kooperationen können schließlich die Überwindung der Lücke zwischen moralischer Evolution und technisch-industrieller Evolution leisten.

Konsensfindungsverfahren und Zukunftsorientierung im Prozess nachhaltiger Entwicklung steht gegenüber Überleben und Vertrauensmangel, die charakteristisch für Transformationsprozesse sind. Kooperationen werden in diesem Fall als ein Faktor fürs Überleben betrachtet und gelten als Handlungstyp für nachhaltige Entwicklungen.

Kooperationen, die mit Wettbewerb interagieren, sind eine ebenfalls eine Überlebensstrategie. Die Kombination mit einem System von Normen und Regeln, kann ein starkes Organisationsmuster (wie es bei gleichzeitigen Kooperation und Wettbewerb in internen Netzwerken vorhanden ist) bilden. Eine optimale Mischung davon stellt auf Grund ihrer Kausalität ein großes Problem dar.[12]

Organisationsmuster als eine prozessuale Kategorie ist ein effektives Regulierungswerkzeug für sozial-ökonomische Evolution. Der Hintergrund liegt darin, dass Organisationsstrukturen die Kooperations- und Wettbewerbsfähigkeit beeinflussen.

Die Strategie des nachhaltigen Wachstums der Luftfahrtindustrie[13] und die Konzepte der nachhaltigen Entwicklung der einzelnen Luftfahrtunternehmen (z.B. Thales, BAE Systems) benötigen nachhaltige Organisationsstrukturen (Organisationsmuster mit folgenden Charakteristiken: Zukunftsoffenheit, Koevolution, Diversität, Kommunikation, Ethik, etc.,[14] die das System von gemeinsamen Grundwerten und Regeln tragen, so wie das europäische Forschungsnetzwerk für Aeronautik mit spezifischem Netzwerkinstrumenten aus Arbeitsmethoden, Standardisierung und Vernetzung.

Organisationsformen auf betrieblicher und kooperativer Ebene in der global-verteilten Produktentwicklung und Forschung in der Luftfahrtindustrie sind spezifisch für Ost-West Zusammenarbeit und begrenzen sich nicht auf den Bereich der Innovationsnetzwerke.

---

[11] Vgl. Graap (2001).

[12] Vgl. Co-opetition in Schmidchen (2003).

[13] Vgl. Vision 2020.

[14] Vgl. Graap (2001).

Unter Lernperspektive besteht für die Ost-Seite die Gefahr des Outlearnings,[15] was das Risiko eigene Kompetenzen und Wissensvorsprünge zu verlieren bedeutet. Die Angst wichtige unternehmensspezifische Informationen offenzulegen blockiert die Transparenz, die in klassischen Netzwerken benötigt wird. Dies könnte durch speziell für solche Kooperationen entwickelte Koordinationsmechanismen begrenzt werden.

Der Luftfahrtproduktionssektor ist als ein Extremfall einer globalen Industrie mit hohem Unsicherheitsgrad des Marktes anzusehen. Die verteilte Multiprojekt- und Multiteam – Produktentwicklung in der Luftfahrtindustrie besitzt eine Mix – Netzwerk Struktur. Innerhalb dieser extrem komplexen Netzwerke mit hohem Konfliktpotenzial werden konkrete Koordinationsmaßnahmen für „cross-country and cross-institutional collaboration" benötigt.

Der Koordinationsmechanismus dient hier der Komplexitätsbewältigung und Innovationsförderung im breiten (technischen und organisatorischen) Sinne.

Vertrauen ist ein solcher Mechanismus, wenn es dazu dient, bestimmte Bereiche unvorhersehbarer Aktionen der Teilnehmer auszuschließen. Das integrative Arbeitsmuster (Organisationsmuster) und Vereinbarungen über unabhängige Aufgabenstellungen sind typische Lösungsinstrumente für die Problemstellung der Koordination solcher komplexen Systeme. Man kann solche Mechanismen durch klassische Anreizmechanismen verbinden. Das bedeutet, dass die Einhaltung der Regeln zu Vertrauensbildung führt, so dass alle Beteiligten ihre eigenen Interessen unterstützen können. Kooperationen und Vertrauen haben eine reziproke Beziehung. Kooperatives Verhalten unterstützt gegenseitiges Vertrauen. Das Vertrauen wiederum hat Kooperation zur Folge. Man kann feststellen, dass Vertrauen einen kooperativen Vorteil darstellt.

Um Koordinationsmechanismen zu aktivieren ist eine Strategie zu entwickeln, die auch ein reflexives und reaktives Anreizsystem („incentive system for self-sustained coordinated action")[16] benötigt.

Eine Unternehmensstrategie des Überlebens in den Struktur- und Marktveränderungen in der europäischen Luft- und Raumfahrtindustrie ist eine Strategie für eine kontinuierliche Organisationsentwicklung für und durch Kooperationen.

Vor Kooperationsperspektiven in F&E steht die Problemfrage bezüglich der gleichzeitigen Kooperation, Organisationsentwicklung und Bewegung zur Nachhaltigkeit.

---

[15] Vgl. Sydow (1995).

[16] Vgl. Elsner (2003).

Jedoch ist die Motivation für nachhaltige Entwicklung, sowie für organisatorische Verbesserung in Transformationswirtschaften nicht vorhanden. Kooperation wird deshalb eine große Bedeutung beigemessen; insbesondere für die Balance der für Nachhaltigkeit entscheidenden Organisationsentwicklungen zwischen Transformations- und nachhaltigen Wirtschaften.

## 12.4 Kooperationsform für Organisationsentwicklung

Das Interesse gilt in erster Linie den Organisationsformen oder ihrer kontinuierlichen Entwicklung im Bezug auf ihre mögliche Bedeutung für die gesamtwirtschaftliche Entwicklung[17] und für effektive Innovation, die einen signifikanten Beitrag zur „knowledge-based economy" leisten. Diese zukunftsorientierten Organisationsstrukturen sind innovative Strukturen, die kontinuierliche Entwicklung- und Veränderungsmechanismen bereitstellen. Sie fördern prozess- und teamorientierte Arbeitsformen und flexible Arbeitszeitmodelle, Freiräume für eigenverantwortliches Handeln sowie selbstgesteuertes Lernen.

Die kurzfristige Perspektive für Ost-West Kooperationen ist, forschungsorientierte Unternehmen in Kompetenznetzwerken aufzubauen und mit Universitäten und anderen Forschungseinheiten in gezielten Forschungsprogrammen zusammenzuführen, die die Richtung von F&E in Luftfahrt regulieren und Integration in ERA gewährleisten. Die Bausteine in diesem Prozess sind die regionalen Kompetenznetzwerke, z.B. AAR (Austrian-Aeronautics-Research)-Kompetenznetzwerk für Luftfahrttechnologie in Österreich, mit denen die Osteuropäische Kompetenzzentren verknüpft werden sollten. Das systematische Bündeln internationaler industrieller und wissenschaftlicher Forschungskompetenzen in Luftfahrttechnologien verstärkt die Wettbewerbsfähigkeit des europäischen Luftfahrtsektors. Eine steigende Anzahl forschungsstarker und innovationsorientierter Unternehmen in Ost und in West ist das zu erwartende Ergebnis.

Das Hauptziel ist nicht nur Netzwerkorganisationen zu etablieren, die für Kooperation offen und bereit sind, sondern verschiedene, für beide Seiten vorteilhafte Kooperationsmöglichkeiten zu finden, die organisatorische und nachhaltige Entwicklung aktivieren.

## Literaturverzeichnis

Aerospace within the European Research Area, http://www.aecma.org/Position/ERA_ExSum.pdf, Abruf 20.07.2004.

[17] Vgl. z.B. Müller (1991).

Elsner, W. (2003): The „New“ Economy: Complexity, Coordination and a Hybrid Governance Approach, Bremen.

Graap, T. (2001): Nachhaltigkeit und Kooperation: Zum Verständnis eines Leitbildes und Handlungstyps in einer komplexen Welt, Frankfurt am Mein.

Heinl, M. (1996): Ultramoderne Organisationstheorien, Frankfurt am Main.

Inco-Copernicus (2001): Modernization of Enterprises: Factors, Strategies and Trends, Thessaloniki.

Kirsch, W. (1997): Strategisches Management: Die geplante Evolution von Unternehmen, München.

Kutschker, M. (2003): Kooperation: Grundlage der sozialwissenschaftlichen Prozessforschung, in: Zentes, J./Swoboda, B./Morschett, D. (Hrsg.) Kooperationen, Allianzen und Netzwerke, Wiesbaden.

Müller, M. (1991): Organisationsformen und wirtschaftliche Entwicklung, Bern.

Oesterle, M.-J. (2003): Kooperationen in Forschung und Entwicklung, in: Zentes, J./Swoboda, B./Morschett, D. (Hrsg.): Kooperationen, Allianzen und Netzwerke, Wiesbaden.

Schmidtchen, D. (2003): Wettbewerb und Kooperation (Co-opetition): Neues Paradigma für Wettbewerbstheorie und Wettbewerbspolitik?, in: Zentes, J./Swoboda, B./Morschett, D. (Hrsg.) Kooperationen, Allianzen und Netzwerke, Wiesbaden.

Sell, A./Schauf, T. (2003): Bilanz und Perspektive der Transformation in Osteuropa, Münster.

Sydow, J. (1995): Strategische Netzwerke: Evolution und Organisation, Wiesbaden.

von der Oelsnitz, D. (2003): Kooperation: Entwicklung und Verknüpfung von Kernkompetenzen, in: Zentes, J./Swoboda, B./Morschett, D. (Hrsg.) Kooperationen, Allianzen und Netzwerke, Wiesbaden.

**Wertschöpfungsmanagement**

Herausgegeben von Hans-Dietrich Haasis

Band 1 Hans-Dietrich Haasis (Hrsg.): Nachhaltige Innovation in Produktion und Logistik. 2007.

www.peterlang.de

FSC
www.fsc.org
MIX
Papier | Fördert gute Waldnutzung
FSC® C083411

Kolibri 360 GmbH
Ferdinand-Jühlke-Straße 7
99095 Erfurt, Deutschland
produktsicherheit@kolibri360.de

Druck:
CPI Druckdienstleistungen GmbH
im Auftrag der
Kolibri 360 GmbH
Ferdinand-Jühlke-Str. 7
99095 Erfurt